常用工具软件

主编　谢丽丽

北京理工大学出版社
BEIJING INSTITUTE OF TECHNOLOGY PRESS

图书在版编目(CIP)数据

常用工具软件 / 谢丽丽主编. —北京：北京理工大学出版社，2018.9
ISBN 978-7-5682-5515-8

Ⅰ.①常… Ⅱ.①谢… Ⅲ.①软件工具 Ⅳ.①TP311.561

中国版本图书馆 CIP 数据核字(2018)第 079147 号

出版发行 / 北京理工大学出版社有限责任公司
社　　址 / 北京市海淀区中关村南大街 5 号
邮　　编 / 100081
电　　话 / (010)68914775(总编室)
　　　　　 (010)82562903(教材售后服务热线)
　　　　　 (010)68948351(其他图书服务热线)
网　　址 / http://www.bitpress.com.cn
经　　销 / 全国各地新华书店
印　　刷 / 保定华泰印刷有限公司
开　　本 / 787 毫米×1092 毫米　1/16
印　　张 / 15
字　　数 / 350 千字
版　　次 / 2018 年 9 月第 1 版　2018 年 9 月第 1 次印刷
定　　价 / 69.00 元

责任编辑 / 张荣君
文案编辑 / 张荣君
责任校对 / 周瑞红
责任印制 / 边心超

图书出现印装质量问题，请拨打售后服务热线，本社负责调换

　　随着信息爆炸时代和"互联网＋"时代的来临，人们原有的生活和办公方式发生了巨大的变化，从原来的有纸化办公走向了无纸化办公，从数据的不敏感走向数据的安全性等，这就需要人们提高对计算机常用软件的使用熟练程度，从而摆脱人们依赖于计算机专业人士解决日常遇到的难题。工具软件的出现可谓深得人心，其涉及领域广，包含内容全面，已经成为人们处理日常问题的主要帮手。

　　本书按照现代生活和办公的需求，以培养高素质和应用型的办公文员为目标，结合互联网和最新应用技术，遵循计算机初学者的认识规律和学习思路，在学习内容、学习思路、学习手段等方面进行了深入探索和改革创新，既有利于读者掌握工具软件的使用，又注重加强其理论水平的提高。是一本适合计算机专业或公共科目的教材，同时也适合作为办公文员或计算机初学者等社会人员的自学用书。

　　本书编写特点

　　1. 项目引领，目标明确

　　按照职业应用项目式编写体例，遵循项目教学要求，分项目和任务进行学习，每个项目有明确的职业能力目标，每个任务均由任务描述创设学习情景，再以任务分析和任务实施呈现操作途径和操作技能点，用相关知识概括任务所涉及理论知识，用拓展知识和拓展任务加以巩固操作技能并延伸知识，以满足不同学习者的学习需求。

　　2. 任务驱动，行动导向

　　本书采用任务驱动模式，任务以行业需求为导向，以技能培养为主线，以解决工作、学习中的问题为突破口，每个任务贴近职业环境，贴近岗位，具有较强的可操作性，与行业发展相一致，能够满足职业发展的要求。

3. 边学边练，举一反三

每个项目的任务驱动由任务分析、任务实施、相关知识、拓展知识、拓展任务、做一做等六大环节构成。

在典型的工作任务中注重培养读者的实际动手能力、拓展思维能力。通过拓展任务，达到举一反三、触类旁通的效果。

4. 与时俱进，通俗易懂

本书内容设计打破常规，与时俱进，引入最新、最流行、最实用的工具软件，增强学习者的认同感和吸引力。任务设计避免枯燥难懂的理论描述，力求简明，通俗易懂。

本书编写内容

本书内容丰富、案例多样，紧密结合信息时代发展潮流和生活办公需求，共设计了 8 个项目，分别是初识工具软件、网络浏览与通信工具、文件管理工具、图形图像及处理工具、娱乐视听及处理工具、文件下载与云存储工具、系统管理工具、安全防护工具等内容。

编　者

CONTENTS

目录

项目 1

初识工具软件

- ■工具软件的获取
- ■工具软件的安装
- ■工具软件的卸载

软件是用户与硬件之间的接口界面，是计算机系统设计的重要依据，也是"人机交互的重要桥梁。在设计计算机系统时，为了方便用户使用，也为了发挥计算机的最大总体能，设计者还需要全局考虑软件的结合性，以及用户和软件的可调性、互动性和可用性。具软件就是在使用计算机进行工作和学习时经常使用的软件。

本项目将详细介绍常用工具软件的获取、安装、卸载与应用的操作方法和应用技巧，用户完全掌握计算机常用工具软件打下良好的基础。

> **能力目标** ⇨　1. 掌握获取工具软件的方法，获取需要的软件。
> 　　　　　　　 2. 学会工具软件的安装方法并能正确安装所需软件。
> 　　　　　　　 3. 学会工具软件的卸载方法并能完全卸载软件。
> 　　　　　　　 4. 能够熟练应用常用工具软件，满足日常工作、生活、学习的需要。

任务1　工具软件的获取

用户在使用工具软件之前，需要先获取工具软件，并将其安装到计算机中。这样用户能使用这些软件，并为之进行必要的管理和应用。

任务分析

五笔输入法是一种十分快捷、方便的汉字输入法，相对于拼音输入法具有重码率低的点，熟练后可快速输入汉字。即使遇到不认识的字，五笔输入法也可以打出来，拼音输入却无能为力。但前提是计算机上必须安装有五笔输入法才能正常使用，为此必须先获取五输入法的安装程序。

获取工具软件的途径有多种，可以购买安装光盘、从官方网站下载和常见的下载网站载。五笔输入法的版本较多，目前比较流行的是极品五笔输入法。

任务实施

通过百度搜索引擎浏览网页找到需要的工具软件。

【步骤1】输入百度搜索引擎网址"https://www.baidu.com"，打开百度主页，如图1-1所示。输入关键字"极品五笔输入法"，单击"百度一下"按钮。

【步骤2】在打开的搜索结果页面中找到极品五笔的官方下载，单击所需链接，图1-1-2所示，单击"高速下载"按钮，弹出"新建下载任务"对话框，如图1-1-3所示选择好文件存储位置，单击"下载"按钮，即开始下载。

图 1-1-1　百度网站窗口

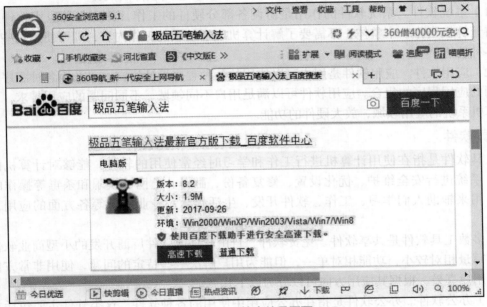

图 1-1-2　搜索结果页面

图 1-1-3　"新建下载任务"对话框

目前较多的搜索引擎在搜索结果中直接提供了下载链接，在图 1-1-2 中可以直接单击"百度软件中心"的"最新官方版下载"链接，这会使软件下载更加便捷。

【步骤3】下载完毕后，在对应存储的文件夹中会出现极品五笔输入法的程序，至此，极品五笔输入法工具软件获取完成。

相关知识

1. 软件基础知识

软件是按照指定顺序组织在一起的一系列计算机数据和指令的集合，不仅指运行的程序，也包括各种关联的文档。作为人类创造的诸多知识的一种，软件同样需要知识产权的保护。

根据软件的用途来划分，可以将其分为系统软件和应用软件两大类。

（1）系统软件。系统软件的作用是协调各部分硬件的工作，并为各种应用软件提供支持，将计算机当作一个整体，不需要了解计算机底层的硬件工作内容，即可使用这些硬件来实现各种功能。

（2）应用软件。应用软件是用户可以使用的各种程序设计语言，以及用各种程序设计语言编制的应用程序的集合。应用软件可以满足用户不同领域、不同问题的应用需求，可以拓宽计算机系统的应用领域，放大硬件的功能。

2. 工具软件

工具软件是指在使用计算机进行工作和学习时经常使用的软件。能够对计算机的硬件和操作系统进行安全维护、优化设置、修复备份、翻译、上网、娱乐和杀毒等操作的应用程序。用来辅助人们学习、工作、软件开发、生活娱乐、专业应用等各方面的应用，提高效率。

大多数工具软件是共享软件、免费软件、自由软件或软件厂商开发的小型商业软件。其代码编写量相对较小，功能相对单一，但能为用户解决一些特定的问题，使用非常方便，所以深受用户喜爱。根据其应用方向可以分为以下几类。

（1）办公软件。办公软件是指在办公应用中使用的各种软件，这类软件主要包括文字处理、数据表格的制作、演示文稿制作、简单数据库处理等。

（2）网络软件。网络软件是指支持数据通信和各种网络活动的软件。随着互联网技术的发展及普及，产生了越来越多的网络软件，如各种网络通信软件、下载上传软件、网页浏览软件等。

（3）安全软件。安全软件是指辅助用户管理计算机安全性的软件程序。广义的安全软件用途十分广泛，主要包括防止病毒传播、防护网络攻击、屏蔽网页木马和危害性脚本及清理流氓软件等。

（4）图形图像软件。图形图像软件是指浏览、编辑、捕捉、制作、管理各种图形和图像文档的软件。其中既包含各种专业设计师开发使用的图像处理软件，如 Photoshop 等；也包括图像浏览和管理软件，如 ACDSee 等；以及捕捉桌面图像的软件，如 SnagIt 等。

（5）多媒体软件。多媒体软件是指对视频、音频等数据进行播放、编辑、分割、转换等处理的相关软件。

（6）行业软件。行业软件是指针对特定行业定制的、具有明显行业特点的软件。随着办公自动化的普及，越来越多的行业软件被应用到生产活动中。常用的行业软件包括会计软件、股票分析软件、列车时刻查询软件、计算机辅助设计软件等。

（7）桌面工具。桌面工具是指一些应用于桌面的小型软件，可以帮助用户实现一些简单而琐碎的功能，提高用户使用计算机的效率或为用户带来一些简单而有趣味的体验。在各种桌面工具中，最著名且常用的就是微软在 Windows 中提供的各种附件，如计算器、画图、记事本、放大镜等。

工具软件有着广阔的发展空间，是计算机技术中不可缺少的组成部分。许多看似复杂烦琐的事情，只要找对了相应工具软件，都可以很容易地解决。

拓展知识

工具软件的获取方式非常多，除了本任务中所叙述的通过搜索引擎查找，还可以通过第三方软件商（如 360 软件管家、腾讯电脑管家软件管理等）实现常用工具软件的获取。

目前国内有许多知名的工具软件下载网站，如华军软件园、天空下载站、太平洋下载、非凡软件站、绿色软件联盟、电脑之家、驱动之家等。下载软件时尽量避免单击不知名网站的链接，以免下载到恶意软件，致使计算机受到攻击。

拓展任务

请使用 360 软件管家来获取"迅雷 9"工具软件，保存到 E 盘"工具软件"文件夹中。

操作提示：在打开 360 软件管家的窗口中，使用 360 软件管家进行分类查找，下载需要的资源。

做一做

在官方网站下载"学车宝驾驶模拟器"软件，保存至 D 盘新建文件夹"学车宝"中。

任务2 工具软件的安装

用户获取到需要的工具软件之后，首先要将其安装到计算机中，才能使用这些软件，并为之进行必要的管理及应用。而对于不需要的工具软件用户还可以进行卸载，以还原计算机磁盘空间及减小计算机运行负载。

任务分析

工具软件的安装要占用计算机资源，可根据计算机硬盘各个分区的情况考虑安装位置。要安装该工具软件，一般先看安装说明，然后查找到对应的安装文件，根据安装向导进行安装。

将极品五笔输入法下载到自己的计算机中，接下来安装该软件。

【步骤1】双击极品五笔输入法安装文件，弹出"极品五笔输入法安装向导"对话框，如图1-2-1所示。

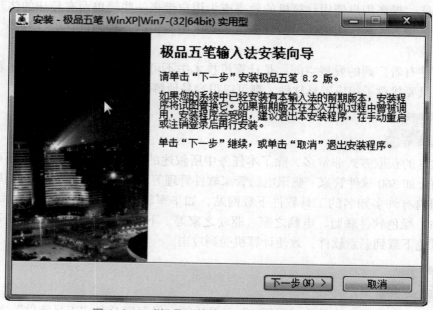

图1-2-1 "极品五笔输入法安装向导"对话框

【步骤2】单击"下一步"按钮，弹出"许可协议"对话框，选中"我同意此协议"单选按钮，如图1-2-2所示。

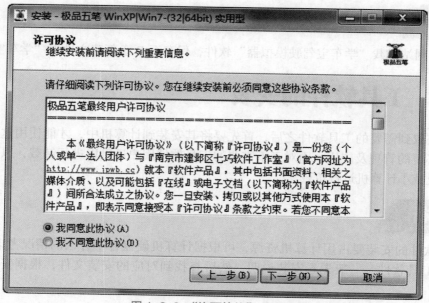

图1-2-2 "许可协议"对话框

【步骤3】单击"下一步"按钮，弹出"选择目标位置"对话框，如图1-2-3所示，选择文件的安装位置，单击"下一步"按钮，直至安装完成。

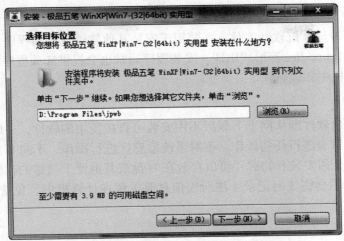

图1-2-3　"选择目标位置"对话框

【小提示】

在选择安装位置时，尽量不要选择C盘，因为C盘通常是用来安装操作系统的，若所有软件都安装在C盘，C盘空间会越来越小，从而导致系统运行速度越来越慢。

大多数软件的安装都会包括确认用户协议、选择安装路径、选择软件组件、安装软件文件及完成安装等步骤，不同的软件的安装步骤也不尽相同，用户只需根据提示，一步一步地进行操作。

【小提示】

由于目前的免费软件中都捆绑了第三方软件，也就是附加软件，因此在安装过程中，用户需要仔细查看每一个安装步骤，去掉默认选中的其他不需要的软件，如图1-2-4所示，以防止在不知情的情况下安装许多无用的软件。

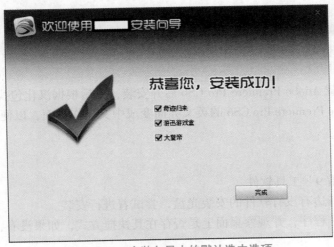

图1-2-4　安装向导中的默认选中选项

1. 安装程序

安装程序是一种计算机软件工具，主要用于安装其他软件或驱动程序。安装程序文件通常以 Setup、Install、Installer 等形式出现。安装程序通常也会提供卸载程序（即反安装程序）可以将软件从计算机中卸载删除。

2. 绿色软件

通俗来讲，绿色软件即从网上下载后不用安装可直接使用的软件，一般指小型软件，其最大特点是不对注册表进行任何操作，不对系统敏感区进行操作，不向非自身所在目录外的目录进行写操作，无须安装和卸载，可以存放在 U 盘或其他便于携带的存储器中，软件不使用时可直接删除而不会将任何记录（注册表信息等）留在计算机中。免费使用，无须注册，没有任何限制。

拓展知识

软件安装一般提供 4 种安装方式，分别是典型安装、完全安装、最小安装和自定义安装。

（1）典型安装：是一般软件的推荐安装类型，安装程序将自动为用户安装最常用的选项。

（2）完全安装：会把整个软件全部安装到计算机中，所有功能都可以实现，但比较占用空间。

（3）最小安装：在计算机资源不足的情况下可以选择，会在占用空间最小的情况下安装使用软件的简单功能。

（4）自定义安装：用户可有选择地安装。

软件安装通常通过安装程序根据安装向导选择性完成，但有些国外的工具软件是英文版的，需要通过汉化才能完成中文操作界面。

从互联网上下载的工具软件有些是压缩文件，需要先用 WinRAR 等压缩软件把压缩文件解压，然后再找到安装程序文件进行安装。

拓展任务

请安装 Adobe Premiere Pro CS6，并汉化该程序。

操作提示：

在计算机中下载 Adobe Premiere Pro CS6 后并安装，然后根据汉化包找到相应的汉化路径进行汉化，使 Adobe Premiere Pro CS6 的英文界面变成中文操作界面，以便于学习。

做一做

1. 请安装"迅雷 9"工具软件。

2. 找一找您的身边有没有软件的安装光盘，尝试着进行安装。

3. 安装"微信"程序，并观察桌面上是否存在其快捷方式，如果没有，为其创建。

任务3　工具软件的卸载

如果用户不再需要使用某个软件，则可将该软件从 Windows 操作系统中卸载，以节省磁盘空间。

任务分析

当用户从网上下载了许多工具软件后，会占用太多的磁盘空间，严重影响机器的运行速度，为此可将一段时间内不再使用的软件进行卸载，以腾出硬盘空间。

在计算机上对已经安装的不需要的软件进行卸载，要找到其相应的卸载工具来卸载。工具软件卸载的方法很多，可以用以下 3 种方法尝试卸载。

（1）使用应用软件自带的卸载程序。

（2）使用 Windows 中的"程序和功能"卸载。

（3）使用第三方工具软件进行卸载。

任务实施

1. 使用软件自带卸载程序

大多数软件都会自带一个软件卸载程序。用户可以单击 Windows 图标，从"开始"程序列表中选择要卸载的软件，再选择卸载程序即可，一般卸载程序名称会包含"Uninst"或"Uninstall"。或者直接在该软件的安装文件夹下查找到卸载程序文件，双击该文件即可。

2. 使用 Windows 中的"程序和功能"

Windows 系统自带了添加卸载程序，以帮助用户卸载不必要的程序软件。打开操作系统的"控制面板"窗口，如图 1-3-1 所示。单击"程序和功能"图标，在出现的界面中右击需要删除的程序，在弹出的快捷菜单中执行"卸载"命令，如图 1-3-2 所示，然后根据提示进行卸载即可。

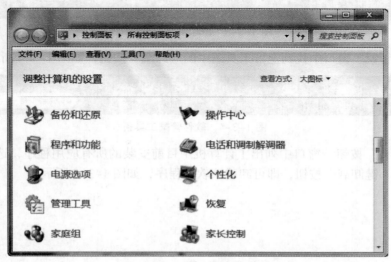

图 1-3-1　"控制面板"窗口

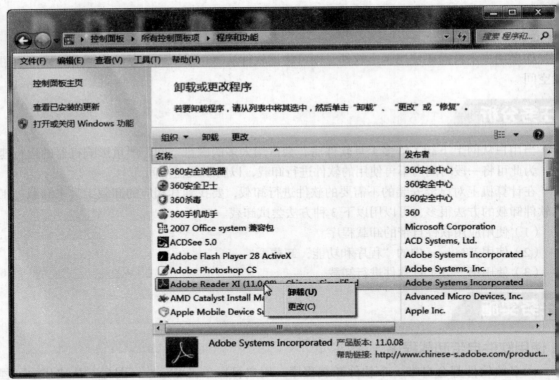

图 1-3-2　程序和功能界面

3. 使用工具软件进行卸载

　　使用第三方工具软件,如 360 安全卫士,也可以来卸载不再使用的软件。

　　打开 360 安全卫士软件,如图 1-3-3 所示。单击窗口右上方的"软件管家"按钮。

图 1-3-3　360 安全卫士窗口

　　在"软件管家"窗口中找到上方工具条中的"卸载"按钮,如图 1-3-4 所示。

图 1-3-4　软件管家工具条

　　单击"卸载"按钮,窗口中列出了计算机中目前安装的所有应用程序,选中需要卸载程序,单击"一键卸载"按钮,即可卸载该软件程序,如图 1-3-5 所示。

图 1-3-5　计算机中目前安装的应用程序列表

目关知识

卸载软件

卸载软件是指从硬盘中删除已经安装的软件，删除时将软件所涉及的文件、文件夹及注
表中的相关数据一起删除，从而释放占用的磁盘空间。

如果卸载软件时只对该软件所在的文件夹进行删除，那么会导致系统中留存一些无用信
，不仅占用磁盘空间，还会影响系统的运行速度和稳定性，因此，要卸载软件，最好先使
系统提供的默认卸载工具进行卸载。

第三方卸载工具

除了 360 安全卫士提供的卸载工具外，还有 QQ 电脑管家、Windows 清理助手、完美卸
等常用的卸载工具。

（1）QQ 电脑管家。QQ 电脑管家是腾讯公司开发的一款免费的系统维护工具，主要功能
括安全防护、系统优化和软件管理。

（2）Windows 清理助手。Windows 清理助手是一款清理与安全辅助系统工具，主要以清
顽固文件为主，可以对木马和恶意软件进行彻底地扫描与清理，也集成少数与系统维护有
的小工具。

（3）完美卸载。完美卸载是一款功能强大的卸载软件，是维护系统的"瑞士军刀"，不仅
卸载功能，还有安装监视功能，并有大量与系统维护有关的小工具。

目前，在安装应用软件时，经常会碰到绿色版应用软件，它通常是一个压缩文件，解□后就能直接运行。其基本特征就是不对注册表进行任何操作，不需要安装和卸载，删除程□时只要删除程序所在目录和对应的快捷方式，免费使用，不需要注册，没有任何限制。

拓展任务

卸载图像处理工具软件"美图秀秀"绿色版。

操作提示：

通过网站搜索下载"美图秀秀"绿色版。它是一个压缩包，对它进行解压应用，之后□行删除，完成卸载任务。

做一做

1. 在"开始"菜单卸载 QQ 软件。
2. 用"控制面板"中的"程序和功能"卸载 WPS 软件。

项目 2

网络浏览与通信工具

- ■ 360 安全浏览器
- ■ 126 在线电子邮箱
- ■ 使用 Foxmail 收发电子邮件
- ■ 腾讯 QQ
- ■ 微信

随着科技的发展，计算机网络已深入到人们工作、生活的方方面面。人们了解资讯、搜索资料、通信交流、共享资源等都离不开计算机网络，它为人与人、人与世界沟通架起桥梁，使人们足不出户便可掌握世界。计算机网络及常用网络工具软件为人们的工作、生活提供了便捷、可靠的服务，大大提高了人们的工作效率。本项目主要介绍常用网页浏览器、电子邮箱、邮件管理工具、即时通信工具的基本操作及应用技巧，为用户扫清常用计算机网络工具软件的操作障碍，使用户成为此类工具软件的操作高手。

> 能力目标 ⇨ 1. 掌握网页浏览器的使用技巧，能熟练完成常用的网页浏览操作。
>
> 2. 学会电子邮箱的使用方法并能使用在线电子邮箱进行邮件操作。
>
> 3. 学会邮箱管理工具 Foxmail 的使用方法，能管理电子邮箱收发邮件等。
>
> 4. 掌握即时通信工具腾讯 QQ 的常用操作，能够与单人、多人交流信息、传输文件等。
>
> 5. 掌握即时通信工具电脑版微信的常用操作，能够双人、多人会话，分享和下载文件及网络链接等。

任务1   360安全浏览器

人们想要了解新闻、搜索资讯，首先就要访问网址、浏览网页，这就要通过网页浏览器实现。网页浏览器就像人们开启互联网世界的第一把钥匙，人们进行的网络操作大多以它的应用为基础。一款界面友好、功能完备的网页浏览器不仅能够让用户快速上手，还能在用户体验过程中为用户带来惊喜。

任务分析

现在市面上流行的网页浏览器有很多，较为出色的有 360 安全浏览器、IE 浏览器、Chrome 浏览器等，其中 360 安全浏览器作为一款国产软件凭借其自身突出的优点，在此类软件竞争中占据着一席之地。

任务实施

使用 360 安全浏览器首先可以根据个人习惯做常规设置，方便浏览保存网页内容。

【步骤1】打开 360 安全浏览器后，单击浏览器右上角的"打开菜单"按钮，在下拉列表中选择"网页缩放"选项，在其子菜单中可根据需要选择网页显示比例，默认是 100%，如图 2-1-1 所示。

【步骤2】单击"打开菜单"→"设置"按钮，打开如图 2-1-2 所示页面，可以对浏览器进行基本设置。

360安全
浏览器

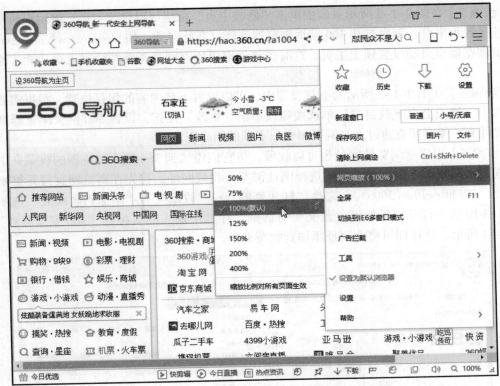

图 2-1-1 "打开菜单"下拉列表

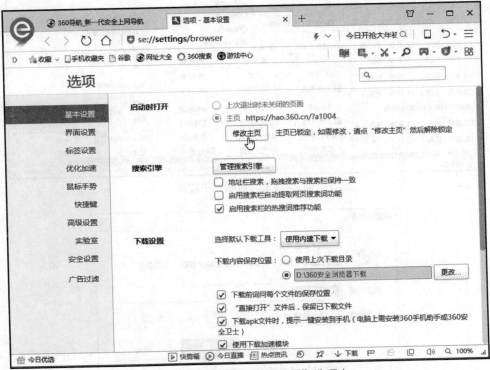

图 2-1-2 "选项 – 基本设置"选项卡

【步骤3】在图 2-1-2 所示页面中单击"修改主页"按钮可以修改主页，将用户最常浏览的网址设置为主页，每次打开 360 网页浏览器就能打开此网址，如 https://www.baidu.com/。有时网页浏览器会自动设置锁定主页，这时需要先取消所有网页浏览器锁定主页功能才能修改主页。

【步骤4】在图 2-1-2 所示的下载设置中，可以设置下载内容的保存位置，根据需要用户可以选中"使用上次下载目录"单选按钮或单击"更改"按钮，设置 360 网页浏览器默认的下载文件夹，保存所有通过 360 网页浏览器下载的网络资源。

【步骤5】用户常浏览的网址也可以收藏，将它们添加到 360 网页浏览器的收藏夹中，每次浏览可以从收藏夹中快速方便地选择网址浏览。收藏网址，首先在浏览网页打开想要收藏的网址，如：https://hao.360.cn/。选择"打开菜单"→"收藏"→"添加到收藏夹"选项，如图 2-1-3 所示，打开"添加到收藏夹"对话框，在其中输入网页标题"360 安全导航"，如图 2-1-4 所示，这样即可将此网址添加到收藏夹中。

图 2-1-3 "收藏"子菜单

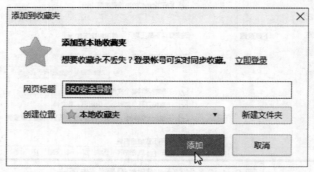

图 2-1-4 "添加到收藏夹"对话框

【步骤6】单击"打开菜单"→"历史"按钮，弹出"历史记录"选项卡，如图2-1-5所示。在该选项卡中浏览器对用户浏览过的网址按日期进行了分组。用户可以设置条件查找、搜索浏览过的网址。

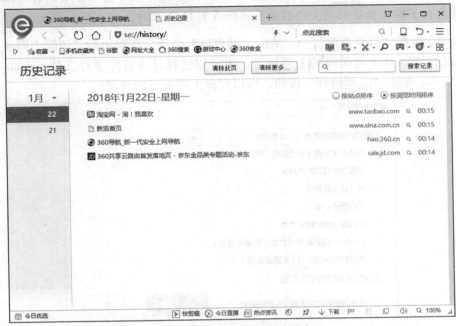

图 2-1-5　"历史记录"选项卡

【步骤7】用户需要保存网页时，选择"打开菜单"→"保存网页"→"图片"或"文件"选项，在弹出的"另存为"对话框中选择保存位置、文件名称及保存类型，单击"保存"按钮保存网页，如图2-1-6所示。

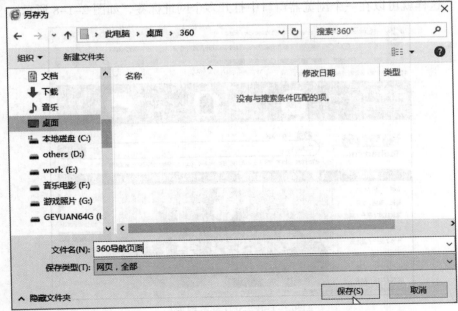

图 2-1-6　"另存为"对话框

在 360 浏览器中保存网页内容有两种形式，图片形式和网页文件形式。以图片形式保存，浏览器会将打开的网页保存为一整张图片，图片的类型可选，常用 PNG 格式。以网页形式保存网页可以保存网页全部内容或仅保存 HTML 文件。

【步骤 8】选择"打开菜单"→"清除上网痕迹"选项，在弹出的"清除上网痕迹"对话框中可以选择清除某个时间段的上网记录，也可以选择是否清除缓存文件、Cookies 等，如图 2-1-7 所示，单击"立即清理"按钮，可以完成上网痕迹的清理。

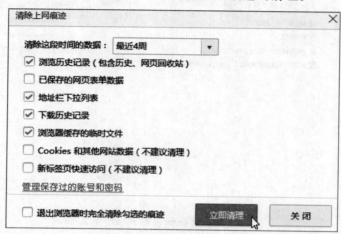

图 2-1-7 "清除上网痕迹"对话框

【步骤 9】在 360 浏览器中想浏览多个网址，可以单击标题栏的"打开新的标签页"按钮
+。浏览器不用打开新的程序窗口，只添加标签页面，方便用户操作。

【步骤 10】在新标签页面的地址栏输入网址，如 https://www.taobao.com/，可以打开淘宝网的主页。这样就可以在一个浏览器窗口中打开多个网址标签，如图 2-1-8 所示。

图 2-1-8 360 浏览器窗口

【步骤 11】选择插件工具栏的"快速翻译当前页面和翻译文字"→"翻译当前网页"选项，如图 2-1-9 所示，浏览器会自动打开新的标签页，将淘宝网网页翻译成英文页面，如图 2-1-10 所示。

图 2-1-9　"快速翻译当前页面和翻译文字"下拉菜单

图 2-1-10　翻译后的英文淘宝页面

【小提示】

　　360 浏览器提供快速翻译功能，依托"有道翻译"，可以实现中英文网页内容互译，可以翻译词句，甚至整个网页，方便用户浏览英文网址。

　　此外，360 浏览器还可以通过安装插件，实现其他便捷小功能，如抓图、嗅探音视频等。

相关知识

360 安全浏览器是 360 安全中心与凤凰工作室合作开发的一款网页浏览器，它是基于 IE 和 Chrome 的双内核浏览器。此浏览器的最大特点就是为用户浏览网页提供了全面的安全保障，它特有的"沙箱"技术能完全有效地拦截木马、病毒，屏蔽恶意网址。它的后台数据库存储着全国最多的恶意网址，通过恶意网址拦截技术，360 安全浏览器可自动拦截欺诈、网银仿冒等恶意网址，尤其当用户在使用隔离模式时，即使访问木马也不会感染。

做一做

1. 在计算机中下载安装 360 安全浏览器。
2. 根据个人喜好对 360 安全浏览器进行基本设置。
3. 将百度（www.baidu.com）设置为默认主页。
4. 将人民网（www.people.com.cn）、淘宝网（www.taobao.com）主页保存在收藏夹里。
5. 在桌面新建一个文件夹，分别以文本文件、图片形式保存淘宝网首页内容，查看保存结果，说说以不同格式保存网页内容的区别。
6. 清除上网记录和网页浏览器地址栏列表内容。

任务2　126在线电子邮箱

电子邮箱通过互联网为网络用户传输电子邮件。电子邮件以其快捷环保的优势，现在已成为人们日常重要的信息交流工具之一，也被广泛用于政务、商务领域。人们能够使用电子邮箱快速地存储、收发电子邮件。电子邮件还具有添加附件功能，附件可以是图片、音频视频等文件。人们使用较多的国产电子邮箱产品有网易 126 邮箱、新浪邮箱、QQ 邮箱等。

任务分析

传统的纸制信函邮寄时间长，主要传达纸面的文字、图片内容。随着人们工作生活节奏加快，办公自动化普及，人们对文件交流的实时性要求变高，文件内容也更丰富，形式更多样。人们想要快速地利用网络传输电子文档或其他格式文件，如图片、音频、视频文件，就要使用电子邮箱发送电子邮件。下面就以 126 在线电子邮箱为例，介绍其使用方法。

任务实施

使用 126 在线电子邮箱首先通过网页浏览器访问 126 在线邮箱网站首页，网址为 https://mail.126.com/。

【步骤 1】首次使用 126 电子邮箱需要注册邮箱账号。打开 126 网易邮箱网站首页，单击"去注册"按钮，如图 2-2-1，将打开免费邮箱注册页面。

126在线
电子邮箱

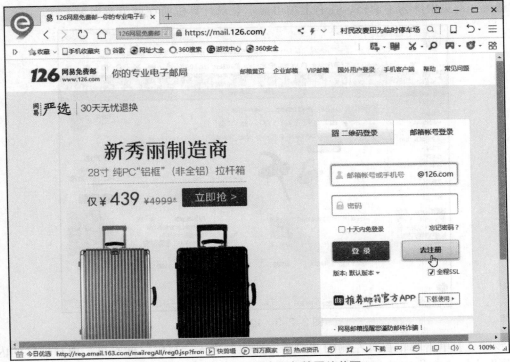

图 2-2-1　126 在线电子邮箱网站首页

【步骤2】选择默认的"注册字母邮箱"选项卡，输入邮件地址等信息，所有加"*"标注的字段都是必填字段，输入必填字段后，单击"立即注册"按钮，如图 2-2-2 所示。注意邮件地址、密码这两个字段对字符长度和内容有要求，如果输入内容不符合要求，单击"立即注册"按钮后，无法通过网站检测，网页会显示提示。

图 2-2-2　注册字母邮箱页面

【步骤3】申请好电子邮箱便可以在 126 邮箱网站首页输入邮箱账号及密码登录邮箱。登录成功后页面如图 2-2-3 所示。邮箱首页左侧是主要功能列表，包括收信、写信、收件箱、已发送等；首页中部为主窗格，在右上角可显示登录计算机所在城市及当天天气。

图 2-2-3　126 邮箱首页

【步骤4】单击邮箱首页左侧的"写信"按钮，进入"写信"标签页，填写信件的内容。在"收件人"文本框中填写收件人电子邮箱地址，多个收件人以英文格式的逗号分开，也可以从右侧显示的通讯录中选择一个或多个收件人，也可以直接选择联系组，将一组联系人添加到"收件人"中。"主题"是信件名称，一般提示信件的主要内容，字数不宜多。在正文文本框中输入信件文字内容，可以使用邮箱工具栏中的按钮修改信件的字体格式、添加信纸、添加图片、截图、添加日期、翻译等，如图 2-2-4 所示。

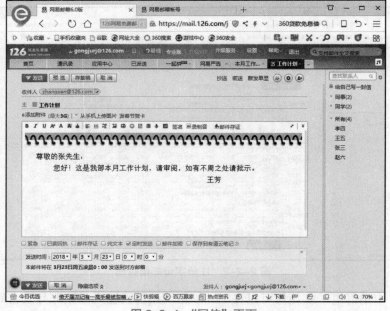

图 2-2-4　"写信"页面

【小提示】

　　除收件人外，邮件还要给其他人浏览或备份，这些人可以作为抄送人，使用抄送功能可将邮件抄送多人。收件时，收件人与抄送人都能相互看到电子邮箱地址。如果收件人或抄送人需要隐藏，可使用密送，其他人收件时将看不到密送人的电子邮箱地址。使用邮件的群发单显功能可以将一封邮件发给多个收件人，每个收件人看到的都是该邮件单独发给了自己。

　　【步骤 5】为邮件添加附件时，单击"添加附件"按钮，在弹出的"打开"对话框中选择需要添加的附件，单击"打开"按钮，如图 2-2-5 所示，便可为邮件添加附件。

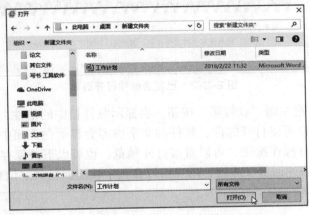

图 2-2-5　"打开"对话框

　　【步骤 6】单击"发送"按钮可立即发送邮件。选中"定时发送"复选框，可以预约邮件的发送时间，如图 2-2-4 所示。选中"邮件加密"复选框可以为发送邮件加密，收件人只有在输入正确的密码后才能打开邮件。

　　【步骤 7】单击"已发送"按钮可以显示发送过的邮件列表，如图 2-2-6 所示。单击邮件主题可以再次打开邮件，如图 2-2-7 所示，在此页面中可以使用邮箱提供的工具栏中的按钮对邮件再次编辑发送或转发、删除、移动等。

图 2-2-6　"已发送"页面

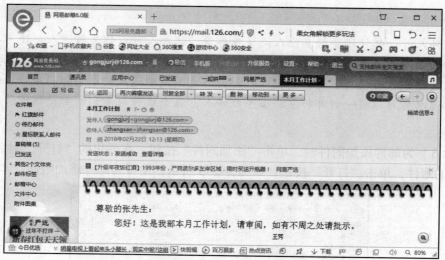

图 2-2-7　已发送邮件打开页面

【步骤 8】单击邮箱左侧"收件箱"按钮，会显示收件箱中的信件，信件太多时会自动分页显示。单击邮件主题可以打开邮件，邮件的文字内容会显示在页面中。鼠标指针移动到附件上方会显示邮箱附件操作按钮，可以直接打开预览，也可以下载保存附件，如图 2-2-8 所示。在附件的下方是快速回复文本框，用户可以在其中快速回复文字信息。

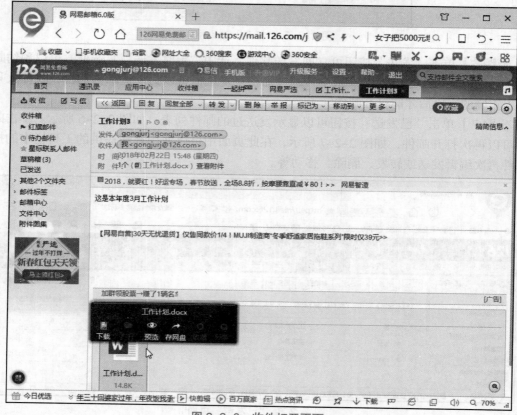

图 2-2-8　收件打开页面

【步骤 9】选中收件列表的复选框，可选择多个信件批量移动或标记。用户先选中需要标记的若干邮件，选择"标记为"→"待办邮件"选项，如图 2-2-9 所示，可以为邮件添加待办标记，其他标记的添加方法与此类似。

图 2-2-9　"标记为"下拉菜单

【步骤 10】当需要删除邮件时，可以通过复选框，选中多个邮件，选择"移动到"→"已删除"选项，如图 2-2-10，可以将邮件移动到已删除类别，使用类似的方法也可以将邮件移动到草稿箱、已发送、订阅邮件、广告邮件、垃圾邮件等。

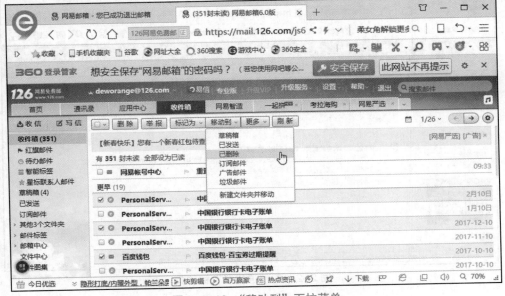

图 2-2-10　"移动到"下拉菜单

【步骤 11】移动到"已删除"的邮件并没有彻底从邮箱删除，还占用邮箱的空间，要彻底删除邮件，可以选择邮箱左侧"其他 3 个文件夹"→"已删除"选项，如图 2-2-11 所示，在打开的"已删除"标签页面中选择待删除邮件，单击"彻底删除"按钮，即可彻底删除邮件。

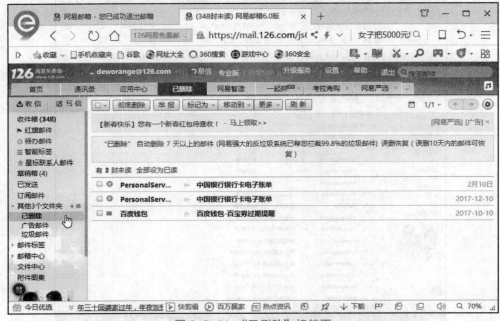

图 2-2-11 "已删除"标签页

【步骤 12】打开"通讯录"标签页，如图 2-2-12 所示，可以管理邮箱的通讯录，编辑联系组、联系人。单击"新建联系人"按钮，弹出"新建联系人"对话框，输入联系人电子邮箱等信息，如图 2-2-13 所示，单击"确定"按钮，即可新建联系人。

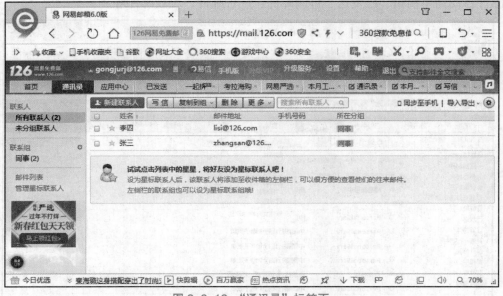

图 2-2-12 "通讯录"标签页

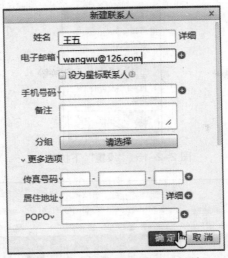

图 2-2-13　"新建联系人"对话框

【步骤 13】单击"通讯录"页面左侧的"新建组"按钮，打开新建组界面，如图 2-2-14 所示。在"分组名称"文本框中输入新建组的名称，从联系人列表中选择需要添加到该组的联系人，单击联系人名称右侧的箭头按钮可以将联系人添加到该组中。

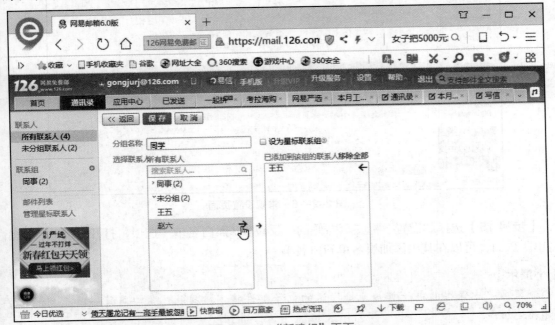

图 2-2-14　"新建组"页面

【步骤 14】对邮箱的设置可以使用邮箱顶部的"设置"菜单，其中包括修改邮箱密码、邮箱皮肤等功能，如图 2-2-15 所示。选择"设置"→"常规设置"选项，显示常规设置页面，如图 2-2-16 所示。在"基本设置"栏中可以设置邮箱每页显示的邮件条目数量，在"自动回复 / 转发"栏中可以设置自动回复他人来信。自动回复是邮箱常用设置，启用后邮箱可以在收到他人电子邮件后自动回复，方便他人确定邮件是否到达。

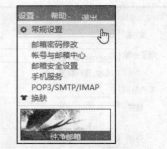

图 2-2-15 "设置"下拉菜单

图 2-2-16 常规设置页面

【步骤15】选择"设置"标签页左侧的"反垃圾/黑白名单"选项，打开"反垃圾/黑白名单"页面，可以在其中添加黑名单和白名单。

【小提示】

黑名单中保存的电子邮箱地址发送的电子邮件将不被接收，主要屏蔽一些无用的广告邮箱地址等。

白名单中存放被误判为垃圾邮件的电子邮箱地址，确保能够收到需要的电子邮件。

【步骤16】用户如果想使用第三方邮件客户端，即电子邮件收发软件来管理电子邮箱必须先开启电子邮箱的 POP3/SMTP/IMAP 服务功能。选择邮箱顶部的"设置"→"POP3/SMTP/IMAP"选项，显示"POP3/SMTP/IMAP"设置页面，选中"IMAP/SMTP 服务"复选框如图 2-2-17 所示。弹出"提醒"对话框，如图 2-2-18 所示，单击"确定"按钮。在打开的授权码页面选中"开启"单选按钮，如图 2-2-19 所示。

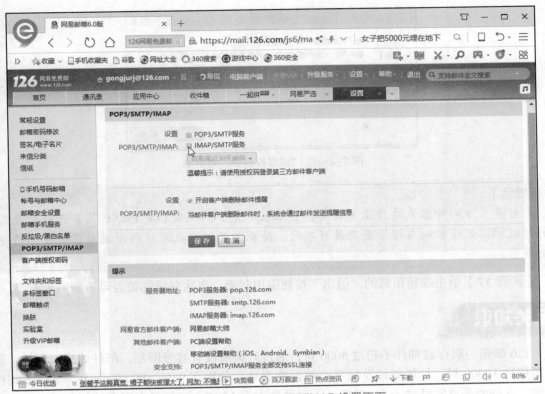

图 2-2-17　POP3/SMTP/IMAP 设置页面

图 2-2-18　"提醒"对话框

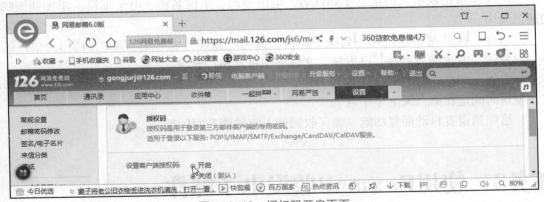

图 2-2-19　授权码开启页面

在随后弹出的对话框中输入注册邮箱手机号获取的验证码，弹出"设置授权码"对话框，如图 2-2-20 所示，在其中输入授权码，单击"确定"按钮，并在接着显示的对话框中继续单击确定按钮，开启 POP3/SMTP/IMAP 服务功能。

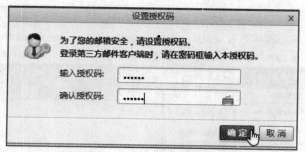

图 2-2-20 "设置授权码"对话框

【小提示】

当第三方邮件客户端登录邮箱时，登录密码是 POP3/SMTP/IMAP 服务开启时设置的授权码，此授权码与邮箱密码最好不同，防止电子邮件收发软件密码泄露造成邮箱安全隐患。

【步骤 17】单击邮箱顶部的"退出"按钮退出邮箱，再次登录邮箱需要重新输入密码。

相关知识

126 邮箱一般存储邮件不超过 8000 封，通过升级可没有容量限制，邮件处理速度快，能达到每秒 10000 封，垃圾邮件及病毒有效拦截率高，分别在 98%、99.8% 以上。支持大邮件附件，支持的普通附件最大为 50MB，云附件最大为 15GB。邮箱具有网盘功能，其容量最高为 8GB。网易手机邮箱不仅可以将手机号作为邮箱账号，还具有同步手机通讯录、备份短信等功能，更方便电子邮箱与手机同步操作。

做一做

1. 申请一个免费的 126 在线电子邮箱。

2. 将几位常用联系人的信息（如姓名、电话号码、单位名称、电子邮箱）添加到该邮箱的通讯录中。

3. 选择一位朋友给他发送一封电子邮件，并将一张图片、一个 Word 文档作为信件的附件一起发送，发送完成后在"已发送"文件夹中将此信件删除。

4. 发送一封电子邮件，文字内容自定，附件选择一张风景图片，邮件同时发送给两位好友，发送时间定在第二天下午 1 点。

5. 给邮箱设置自动回复功能，确保收到他人邮件能及时回馈。

任务3 使用Foxmail收发电子邮件

人们在日常工作、学习、生活中常常用电子邮箱收发电子邮件、传达文件，日积月累邮箱里会有很多邮件，各类邮件混在一起，不便查找、分类，甚至有的信件可能是机密信件，需要保密。因此，人们往往会有多个电子邮箱，将工作、学习、生活分开，不同的邮箱收

、保存不同类别的文件。当人们有多个电子邮箱时，如何便捷地登录，统一管理这些邮箱
又成为人们的新需求，Foxmail 就是满足人们此需求的一款第三方邮件客户端工具软件，它可
以帮助用户方便地管理一个或多个电子邮箱，为用户收发电子邮件提供便利。

任务分析

现在市面上流行的电子邮件客户端工具软件主要有 Foxmail 和 Outlook。Foxmail 是一款国
产电子邮件客户端工具软件，凭借界面友好、易学易用、功能齐备的优势，深得用户喜爱，
用户遍布 20 多个国家。接下来就一起来学习使用 Foxmail 如何管理邮箱，收发邮件。

任务实施

首次使用 Foxmail 需要为电子邮箱新建账号，将电子邮箱添加到 Foxmail 的账号中才能同
步邮箱中的数据。

Foxmail收发
电子邮箱

【步骤 1】双击打开 Foxmail 软件，在弹出的"新建账号"对话框中输入电子邮箱地址、
密码，此密码不是电子邮箱登录密码，而是电子邮箱 POP3/SMTP/IMAP 服务授权码。如何
获取此授权码在上一个任务的最后有详细介绍。单击"创建"按钮，如图 2-3-1 所示。输
入内容正确，对话框会显示电子邮箱设置成功，单击"完成"按钮，Foxmail 工具软件即可
打开。

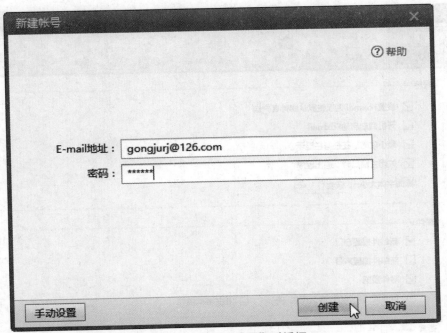

图 2-3-1 "新建账号"对话框

【步骤 2】使用 Foxmail 首先进行系统设置。选择菜单栏最右侧的"工具"→"设置"选
项，如图 2-3-2 所示。在弹出的"系统设置"对话框中单击"常用"按钮，在页面中用户可
以根据需求设置开机自动启动 Foxmail、新邮件提醒等，如图 2-3-3 所示。

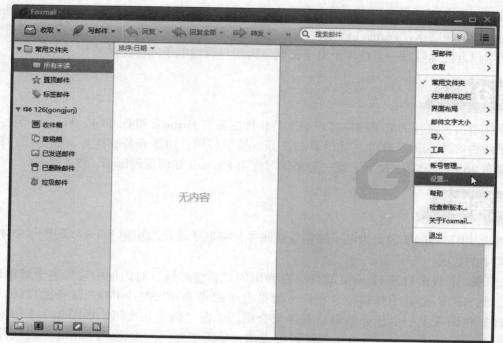

图 2-3-2 "工具"下拉菜单

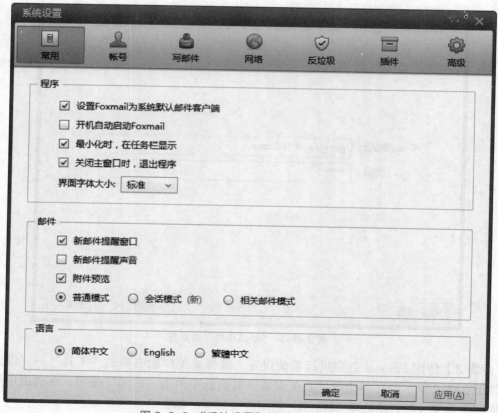

图 2-3-3 "系统设置"的"常用"页面

【步骤3】单击"系统设置"对话框中的"账号"按钮，打开"账号"页面，可以进行定时收取邮件等设置。在页面中选中电子邮箱，单击页面左侧底部的"删除"按钮可以删除账号，如图2-3-4所示。单击"新建"按钮可以打开"新建账号"对话框，再次添加新账号。

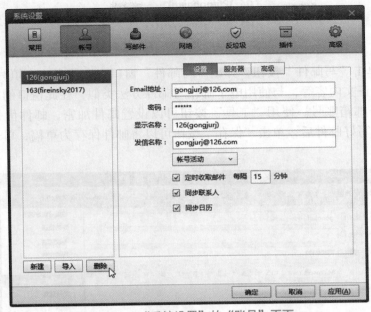

图2-3-4 "系统设置"的"账号"页面

【步骤4】单击"系统设置"对话框中的"写邮件"按钮，打开"写邮件"页面，可以设置邮件签名及邮件文字字体样式等，如图2-3-5所示。

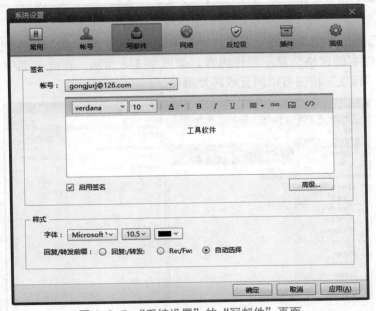

图2-3-5 "系统设置"的"写邮件"页面

【步骤5】选择 Foxmail 软件主菜单中的"收取"→"收取所有账号"选项，可以收取所有账号的电子邮件，也可使用 F4 键收取，如图2-3-6所示。

图 2-3-6 "收取"下拉菜单

【步骤6】单击"写邮件"按钮，弹出"写邮件"窗口，在此窗口中填写邮件的收件人、抄送人、主题、正文内容等，与使用电子邮箱写邮件方法类似，在此窗口的右上部可选择发邮件使用的电子邮箱账号。使用"工具"按钮可以设置邮件加密、邮件优先级等功能，如图 2-3-7 所示。写好邮件后，单击"保存"按钮可以将邮件保存为草稿，单击"发送"按钮可以发送邮件。

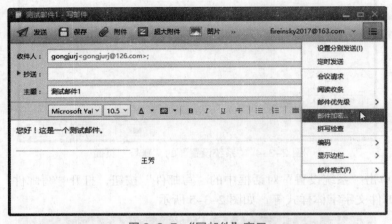

图 2-3-7 "写邮件"窗口

【步骤7】选择"常用文件夹"下的"所有未读"选项，显示未读邮件列表，单击邮件主题后 Foxmail 软件右侧窗格会显示邮件内容，如图 2-3-8 所示。在此页面中选中邮件后单击"回复"按钮或"转发"按钮可以回复或转发邮件。

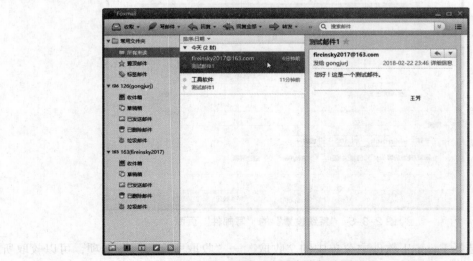

图 2-3-8 查看未读邮件页面

【步骤 8】选择 126 邮箱账号下的"收件箱"选项，在收件箱中选择邮件主题并右击，弹出快捷菜单，此菜单包含删除邮件等邮件操作常用功能，如图 2-3-9 所示。Foxmail 软件中收件箱、草稿箱、已发送邮件、已删除邮件等功能与 126 电子邮箱中的操作相似，这里不再赘述。

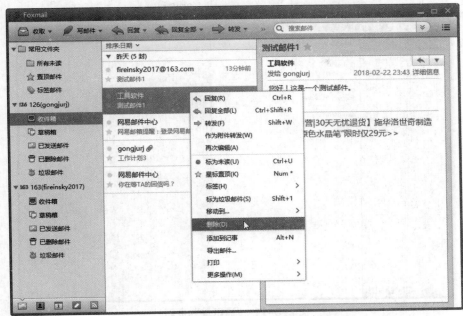

图 2-3-9　"收件箱"页面

【步骤 9】单击软件菜单栏的查找工具，在相应字段的文本框中输入查找备件，可以查找满足条件的电子邮件，如图 2-3-10 所示，可以按发件人、收件人等 9 个条件查找邮件，满足条件的内容会添加黄色底纹。

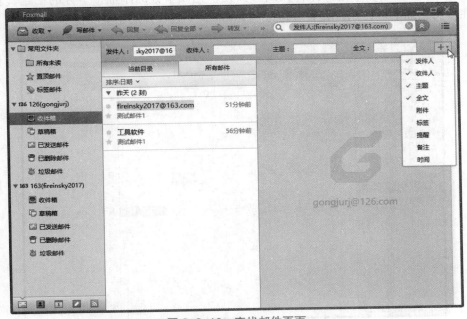

图 2-3-10　查找邮件页面

【步骤10】单击软件页面左侧底部的"通讯录"按钮，打开"通讯录"页面，可以分别选中各个账号，编辑其通讯录。如果选择"本地文件夹"选项，单击"新建联系人""新建组"按钮，可以为本地文件夹新建联系人、新建组，如图2-3-11所示。

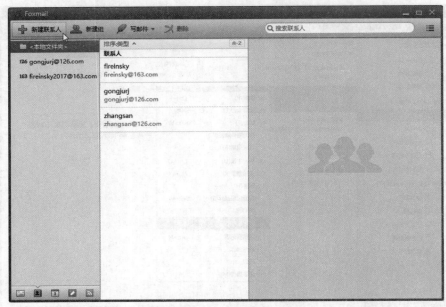

图 2-3-11 "通讯录"页面

【步骤11】单击软件页面左侧底部的"日历"按钮，打开"日历"页面。此页面可以查看日历，可以新建事务提醒用户日程安排，还可以发起会议向他人发送会议提醒邮件。选择事务日期，单击"新建事务"按钮，如图2-3-12所示。弹出"事务"窗口，输入主题等内容，如图2-3-13所示，单击"保存关闭"按钮，完成事务的添加，事务的主题、发起时间会显示在日历页面上以便用户查看。这些是 Foxmail 工具软件的主要功能。

图 2-3-12 "日历"页面

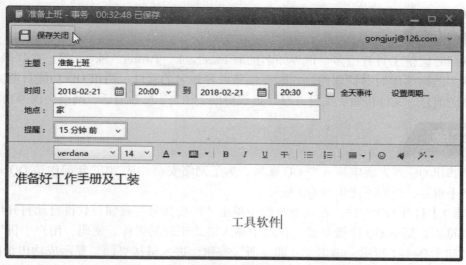

图 2-3-13　"事务"窗口

相关知识

Foxmail 作为著名的国产软件，其最早由华中科技大学的张小龙开发，1997 年公测，2005 年 3 月被腾讯收购，其不仅拥有庞大的中文用户，英文版也被 20 多国用户使用，被选入"国产十大软件"。Foxmail 具有极强的垃圾邮件识别能力，它能准确区分用户邮件，过滤垃圾邮件。Outlook 是微软 Office 办公软件的一个组件，属于商业软件，除提供邮件收发功能，还提供日历、日程安排等商务功能，更适用于企业级用户。

做一做

1. 将所有电子邮箱添加到 Foxmail 的账号中。

2. 使用 Foxmail 给自己发一封生日祝福的电子邮件，发送时将一首喜欢的歌曲作为附件。

3. 使用 Foxmail 给邮箱添加一位联系人。

4. 使用 Foxmail 批量接收邮件，并批量删除无用邮件。

5. 在日历中找到父母的生日，添加傍晚 6 点的事务，内容为"父亲 / 母亲生日，带上礼物问候父亲 / 母亲"。

任务4　腾讯QQ

随着社会发展，人们的生活节奏越来越快。为了更好地及时交流沟通，人们常常需要即时通信。最早人们使用寻呼机来即时通信，科技发展后，人们习惯于使用手机或网络通信工具即时通信。现在随着计算机网络普及，网络即时通信工具凭借自身的功能优势，已成为人们最常使用的即时通信方式。网络即时通信工具软件被人们广泛应用于生活、工作等各个领域，人们用它完成简单的公文流转、日常通信交流等。

任务分析

网络即时通信工具有很多，世界知名的有 Facebook、Twitter、Skype 等。在我国腾讯 QQ 是用户最多的网络即时通信软件，它同样也是世界知名的软件。腾讯 QQ 功能日渐完备，主要具有发送消息、文件传输、文件共享、远程协助、语音/视频通话、网络会议等功能。

任务实施

使用腾讯 QQ 首先要申请一个 QQ 账号，为了网络安全，从 2017 年起申请 QQ 号时需要输入实名手机号，否则不能申请 QQ 账号。

腾讯QQ

【步骤 1】打开 QQ 软件，在登录页面中单击"注册账号"按钮，软件自动打开用户默认的网页浏览器，显示 QQ 注册页面，在其中输入格式正确的昵称、密码、用户手机号及短信验证码，如图 2-4-1 所示，单击"立即注册"按钮，进入链接页面，显示成功申请的 QQ 账号，该数字串用户一定要记牢，每次登录时使用。用户要注意 3 天内未及时登录腾讯 QQ，则此申请账号会被腾讯公司收回。

图 2-4-1　注册 QQ 号页面

【步骤 2】打开 QQ 软件，输入账号、密码，如图 2-4-2 所示，单击"登录"按钮，可成功登录 QQ 软件，打开如图 2-4-3 所示的 QQ 软件窗口。

图 2-4-2　登录窗口

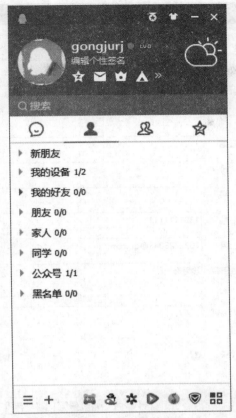

图 2-4-3　QQ 软件窗口

【步骤 3】单击 QQ 头像，弹出如图 2-4-4 所示的窗口。在窗口的左侧单击"更换封面"按钮，在"打开"对话框中选择计算机中的图片更换封面。单击 QQ 头像图标可以上传本地照片或挑选推荐头像更换默认头像。在窗口的右侧显示账号的基本信息，单击"编辑资料"按钮，弹出"编辑资料"对话框，在其中可以完善个人基本资料、填写个性签名等，完善后单击"保存"按钮，如图 2-4-5 所示。

图 2-4-4　弹出个人信息窗口

图 2-4-5 "编辑资料"对话框

【步骤 4】单击 QQ 窗口中昵称右边的登录状态按钮，打开的下拉菜单如图 2-4-6 所示，可以修改 QQ 登录状态。

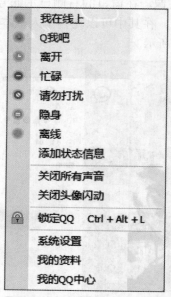

图 2-4-6 登录状态下拉菜单

【步骤5】单击 QQ 窗口中头像右侧的 4 个按钮,可以打开 QQ 的相关业务,依次为 QQ 空间、QQ 邮箱、QQ 会员中心、兴趣部落。鼠标指针移动到窗口右上部的天气图标上可显示当地近三天的天气预报。

【步骤6】在 QQ 窗口中头像下方的搜索工具条中可以输入条件,搜索满足条件的好友、多人聊天、群、聊天记录等,如图 2-4-7 所示。

【步骤7】QQ 窗口左下角是"主菜单"按钮,其下拉菜单中主要包括升级、安全、文件助手、消息管理器、设置等功能,如图 2-4-8 所示。

图 2-4-7　搜索结果页面

图 2-4-8　QQ 主菜单

【步骤8】选择主菜单中的"设置"选项,弹出"系统设置"对话框,如图 2-4-9 所示。在此对话框中可以进行 QQ 软件的基本设置、安全设置、权限设置。

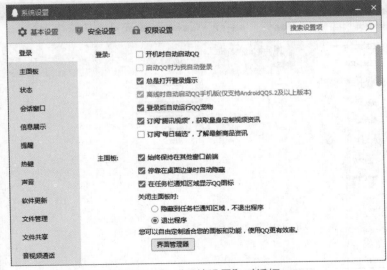

图 2-4-9　"系统设置"对话框

【步骤9】选择主菜单中的"消息管理器"选项，弹出"消息管理器"对话框，软件已将消息分类，用户可以方便地分类查看、查找消息。选择群组名称或联系人名称并右击，在弹出的快捷菜单中可以导出、删除消息记录，如图 2-4-10 所示。

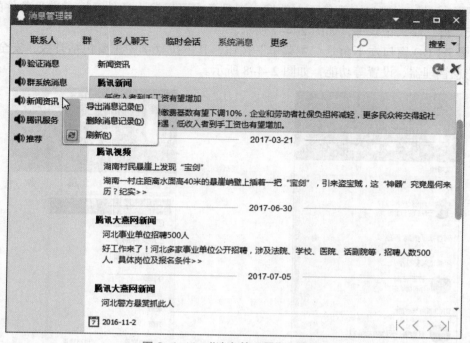

图 2-4-10 "消息管理器"对话框

【步骤10】选择主菜单中的"文件助手"选项，弹出"文件助手"对话框，如图 2-4-11 所示，在其中可以查看、编辑用户文件。软件提供分类查看文件的功能，还可以根据时间、来源、类型筛选文件。软件还提供了批量操作功能，用户可以将文件批量复制、删除、发送到手机。选中若干文件后在文件主题上右键单击，用户还可以转发文件等。

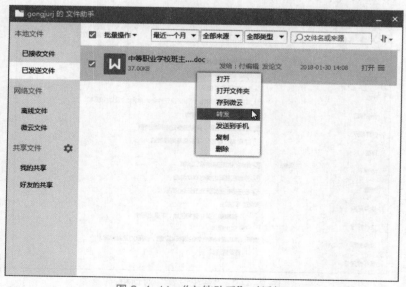

图 2-4-11 "文件助手"对话框

【步骤 11】单击"加好友"按钮，弹出"查找"对话框，用户可以通过查找向通讯录中添加好友、加入群聊。知道对方 QQ 号时添加好友，如图 2-4-12 所示，输入对方 QQ 号，单击"查找"按钮，对话框中会显示查找结果，如图 2-4-13 所示。

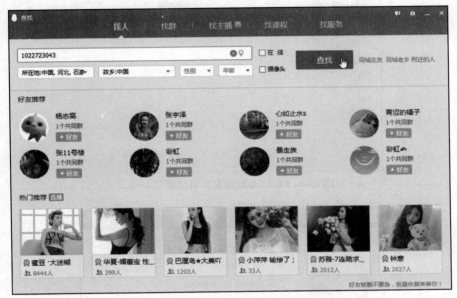

图 2-4-12 "查找"对话框

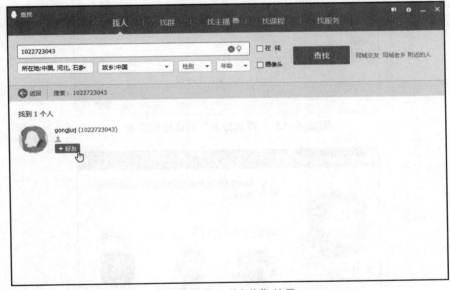

图 2-4-13 "查找"结果

单击查找联系人头像旁的"+好友"按钮，打开"添加好友"对话框，如图 2-4-14 所示，输入验证信息，此信息内容一般是向对方介绍自己，完成后单击"下一步"按钮，进入"添加好友"对话框第二步，如图 2-4-15 所示，输入备注名称和好友分组，单击"下一步"按钮，进入"添加好友"对话框第三步，对话框显示等待对方确认，单击"完成"按钮，如图 2-4-16 所示，当对方确认后便可成为好友聊天留言。

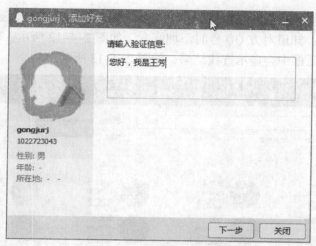

图 2-4-14 "添加好友"对话框第一步

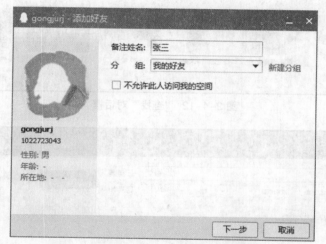

图 2-4-15 "添加好友"对话框第二步

图 2-4-16 "添加好友"对话框第三步

【步骤 12】收到他人加好友请求，打开消息后弹出"验证消息"对话框，单击申请人昵称，会弹出页面显示此人的基本信息，可以同意、拒绝或忽略，如图 2-4-17，同意后便可添加对方为好友，进行聊天。

图 2-4-17 "验证消息"对话框

【步骤 13】单击 QQ 窗口的"联系人"标签，此标签显示用户联系人分组，可以分组查看联系人。选择分组名称并右击，弹出快捷菜单，如图 2-4-18 所示，此快捷菜单提供实现添加分组、重命名、对该分组隐身 / 可见的功能。在标签页空白处右击，弹出快捷菜单，如图 2-4-19 所示，此菜单提供修改联系人显示方式功能。选择联系人名称并右击，弹出快捷菜单，如图 2-4-20 所示，此菜单提供对该联系人发送消息、发送邮件、查看资料、修改备注、删除好友等功能。

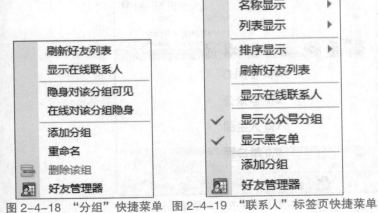
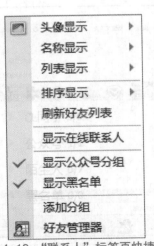

图 2-4-18 "分组"快捷菜单　　图 2-4-19 "联系人"标签页快捷菜单　　图 2-4-20 "联系人"快捷菜单

【步骤 14】双击联系人名称，可打开与该联系人的聊天窗口，在"写消息"文本框中输入文字就可发送消息，开始聊天，如图 2-4-21 所示。

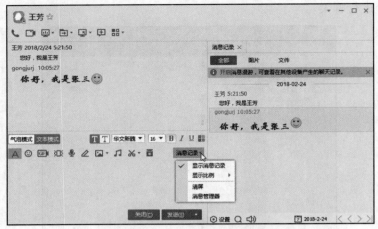

图 2-4-21　双人聊天窗口

【步骤 15】在聊天窗口中，单击联系人头像下方的几个工具按钮，用户可以发起语音通话、发起视频通话、远程演示、传送文件、远程桌面、发起多人聊天等。选择"传送文件"→"发送文件 / 文件夹"选项，如图 2-4-22 所示，弹出"选择文件 / 文件夹"对话框，如图 2-4-23 所示，在其中选择发送的文件，单击"发送"按钮，文件即可发送出去，对方会收到消息，查看或保存文件。

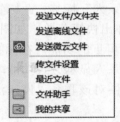

图 2-4-22　"传送文件"下拉菜单

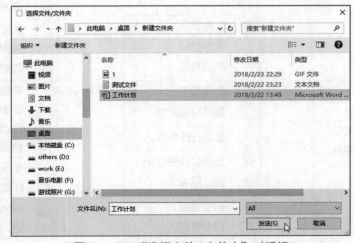

图 2-4-23　"选择文件 / 文件夹"对话框

如果对方没有在线，则可以单击"传送文件"标签中的"转离线发送"按钮，如图 2-4-24 所示，将发送的文件转为离线文件发送，发送完成后"消息记录"标签页显示如图 2-4-25 所示。

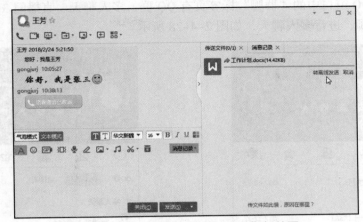

图 2-4-24 发送文件"传送文件"标签页

图 2-4-25 "消息记录"标签页

【步骤 16】接收他人离线文件，可以在打开聊天窗口后单击"传送文件"标签页中的"接收"或"另存为"按钮，如图 2-4-26 所示。使用"远程桌面"按钮可以实现远程控制对方按钮，可以用此功能帮助对方解决计算机问题。

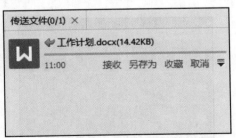

图 2-4-26 接收文件"传送文件"标签页

【步骤 17】在聊天窗口中，用户使用"写消息"文本框上面的 10 个工具按钮，可以修改文字格式、发送语音消息、发送图片、屏幕截图等。选择"消息记录"→"显示消息记录"选项，如图 2-4-21 所示，打开右侧扩展窗口，在其中可以查看历史消息，也可以找到历史图片、文件重新下载。写消息可以选择气泡、文本两种模式，文本模式可以设置文字字体格式。

【步骤 18】QQ 支持同时打开多个聊天窗口。在 QQ 窗口中，打开"会话"标签页可以显示 QQ 软件保存的所有会话，包括群聊及多人聊天会话，如图 2-4-27 所示。

【步骤 19】QQ 窗口中的"群聊"标签页有 QQ 群、多人聊天、直播间 3 个子页面，可以打开已加入的群聊，进行多人聊天，如图 2-4-28 所示。

图 2-4-27 "会话"标签页

图 2-4-28 "群聊"标签页

【步骤 20】选择"创建"→"发起多人聊天"选项，弹出"发起多人聊天"对话框，在其中选好多位联系人可创建多人聊天组。多人聊天与双人聊天类似，聊天内容对组内的所有人公开，方便多人一起讨论问题，共享、传输文件。

【步骤 21】选择"创建"→"创建群"选项，弹出"创建群"对话框，在第一步中选择群类别，如图 2-4-29 所示。

图 2-4-29 "创建群"对话框第一步

单击"下一步"按钮，进入第二步，填写群信息，如图 2-4-30 所示。单击"下一步"按钮，进入第三步，添加群成员，如图 2-4-31 所示，单击"完成创建"按钮即可创建新群并成为群主。

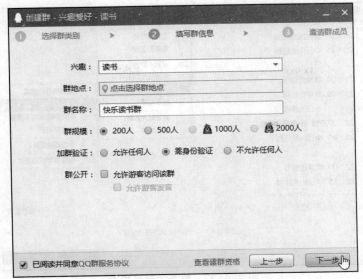

图 2-4-30　"创建群"对话框第二步

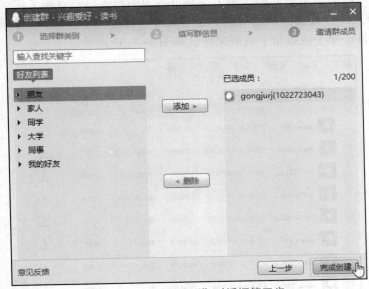

图 2-4-31　"创建群"对话框第三步

【小提示】

　　每个群只有一个群主，拥有群的全部操作权限，群主用户可以将群主权限转让给群内其他成员。普通群成员需要提高权限，可由群主设置其为群的管理员。一个群可以有多个管理员，管理员也拥有发布公告等高级权限。

　　【步骤 22】群聊的消息界面如图 2-4-32 所示，选择"设置"→"群消息设置"→"接收消息但不提醒"选项，用户可以只接收群消息不提醒，这也是当群消息过多时，避免提醒烦扰常用方法，QQ 软件还提供其他群消息设置。"设置"菜单还为用户提供修改群名片、查看群资料、邀请好友入群等功能。

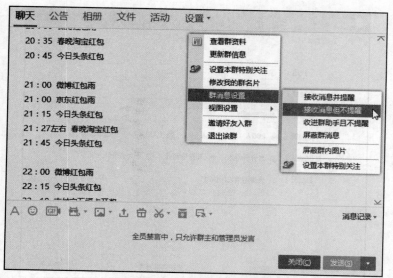

图 2-4-32　群聊的消息界面

【步骤 23】群聊的消息界面具有多个标签页，为用户提供查看聊天记录、查看公告、查看相册、查看群文件、查看群活动功能。在"文件"标签页中，用户不仅可以查看群文件，也可以上传群文件、单个或批量下载群文件，如图 2-4-33 所示。

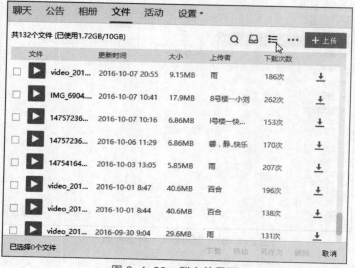

图 2-4-33　群文件界面

相关知识

　　腾讯 QQ 是 1999 年 2 月由腾讯公司自主开发的一款网络即时通信工具。经过不断的版本完善更新，腾讯 QQ 现已成为一款功能完善的跨平台即时通信工具。2003 年，QQ 推出手机 APP 让人们将 QQ 安装到手机上，更是方便人们利用无线网络随时随地通信交流。腾讯 QQ 的相关业务也越来越多并且拥有大量用户，如 QQ 邮箱、QQ 空间、QQ 音乐、QQ 浏览器、QQ 输入法、QQ 影音、QQ 游戏等。

做一做

1. 在计算机中下载安装最新版本的腾讯 QQ。
2. 注册一个 QQ 号，根据个人喜好修改头像等个人基本设置。
3. 添加至少十位好友，将好友分为两组（如家人、同学）。
4. 选一位好友进行语音、视频、文字聊天，分别以在线和离线形式与好友相互传送几个文件，在桌面新建文件夹，保存对方发送来的所有文件，说说在线文件和离线文件应用的不同。
5. 选择至少两位好友建立 QQ 群，上传一个 7 天共享文件，上传一个永久文件。

任务5　微信

　　近几年，随着手机 4G 网络快速地在我国全面覆盖以及公共场所免费无线网络的大量普及，人们越来越多地使用手机 APP 进行即时通信。腾讯 QQ 不断升级完善，其体量越来越大，功能越来越全，满足了人们工作沟通、生活交流、娱乐社交等诸多需求，但是不能更好地满足人们简单轻巧的即时通信、社交的需求。于是 2011 年，腾讯公司推出了一款全新的为智能终端（手机、平板电脑等）提供即时通信服务的免费应用程序——微信。2014 年，腾讯公司又推出微信电脑版，人们可以在计算机上使用微信，与手机同步微信的聊天记录、通讯录等。

任务分析

　　手机微信的一部分功能与 QQ 类似，操作方法也类似，而电脑版微信的功能要简单很多。使用电脑版微信软件，人们编辑会话输入大量文字信息时就可以使用键盘，很方便。人们也可以发起两人或多人会话、传送文件、收藏分享，下面一起来学习电脑版微信。

任务实施

　　下载安装电脑版微信，打开电脑版微信软件后，要配合手机微信应用才能登录。

　　【步骤 1】双击用户计算机中的电脑版微信图标，首先打开的是登录窗口，如图 2-5-1 所示，使用手机微信"扫一扫"功能，扫描登录窗口中显示的二维码，然后从手机端确认登录，并同步最近消息，即可完成电脑版微信软件登录。

微信

图 2-5-1　微信登录窗口

【步骤2】打开电脑版微信后，选择窗口左下角"更多"→"设置"选项，如图2-5-2所示，打开设置窗口。

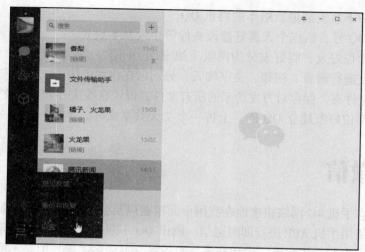

图2-5-2　微信窗口

【步骤3】设置窗口有4个标签页。"账号设置"标签页，用户可以退出登录。"通用设置"标签页，可以修改微信文件的默认保存位置，可以设置开机自动启动微信、微信消息提醒声音等，如图2-5-3所示。"快捷按键"标签页，用户可以根据自己的习惯，设置发送消息、截取屏幕、打开微信等快捷键。"关于微信"标签页，用户可以检查微信版本，更新微信，查看软件帮助信息。

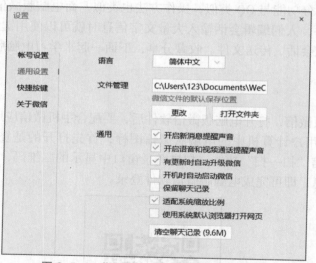

图2-5-3　"设置"的"通用设置"标签页

【步骤4】单击微信主界面的"通讯录"按钮，打开微信通讯录，用户可以看到"新的朋友"提醒、关注的"公众号"及所有联系人。使用窗口顶端的搜索工具，可以设置条件搜索联系人。打开"公众号"标签页，其中会显示所有用户关注的公众号，选择公众号图标并右击，在弹出的快捷菜单中可以实现发消息、发送名片、取消关注的操作。单击公众号图标，在打开的界面中单击"进入公众号"按钮，如图2-5-4所示，可进入公众号。

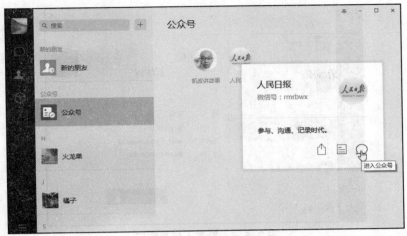

图2-5-4　微信通讯录窗口

【步骤5】进入一个公众号后微信软件会自动切换到"聊天"窗口。单击公众号发布消息的标题，微信会在新窗口显示其内容，如图2-5-5所示。在此页面中可以调整显示文字字号大小、复制链接、用浏览器打开、转发给朋友和收藏。用默认浏览器打开链接后，便可以保存、打印此页面的内容。

图2-5-5　公众号内容页面

【步骤6】在微信的通讯录界面中，单击某一联系人可以看到该联系人的基本信息，单击"发消息"按钮可以自动跳转到微信聊天页面，与其进行会话，如图2-5-6所示。

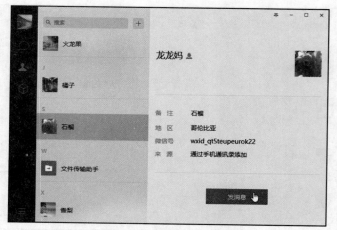

图 2-5-6　联系人信息窗口

【步骤7】在微信的聊天窗口中可以同步显示手机上保存的聊天记录，如图 2-5-7 所示，使用顶端的搜索工具可以设置条件搜索聊天对象，单击聊天对象名称就可以开始聊天。单击"更多"按钮，显示聊天拓展功能隐藏页面，可以在其中添加聊天对象、设置消息免打扰、置顶聊天。位于聊天内容输入文本框上方的几个工具按钮从左到右，功能依次为表情、发送文件、截屏、聊天记录、语音聊天、视频聊天。单击"发送文件"按钮，弹出"打开"对话框，选择要发送的文件，单击"打开"按钮，如图 2-5-8 所示，完成文件的发送。

图 2-5-7　微信聊天窗口

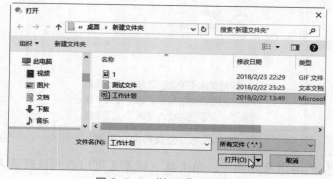

图 2-5-8　"打开"对话框

【步骤 8】选择聊天记录中的文件主题并右击，在弹出的快捷菜单中用户可以撤回、转发、另存为历史消息等，如图 2-5-9 所示。

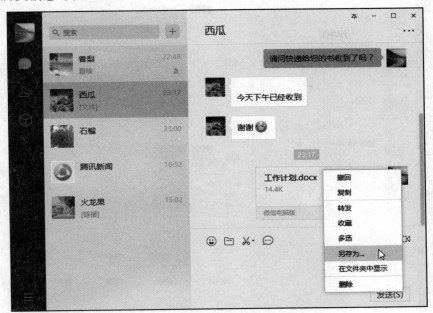

图 2-5-9　发送消息快捷操作弹出菜单

用户收到的文件不能撤回，可以转发、另存为等，右击收到的文件弹出的快捷菜单如图 2-5-10 所示，使用其中的"多选"按钮可以实现对多条聊天记录的统一操作，如图 2-5-11 所示。

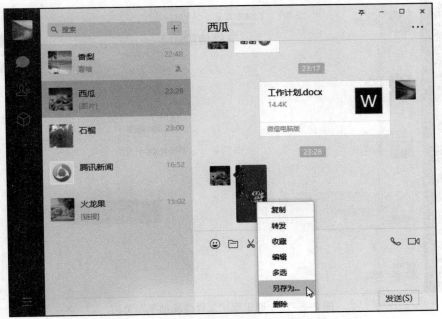

图 2-5-10　接收消息快捷操作弹出菜单

图 2-5-11　多选操作界面

【步骤 9】通讯录界面中，使用"发起群聊"按钮可以实现群聊功能，如图 2-5-12 所示。

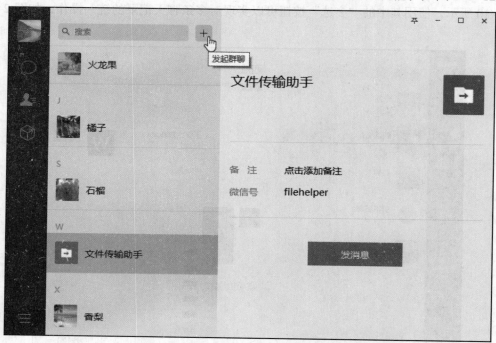

图 2-5-12　通讯录"文件传输助手"页面

在弹出的新窗口中选择多个联系人，单击"确定"按钮，如图 2-5-13 所示，新建群聊完成。

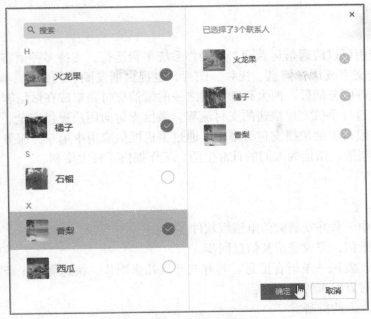

图 2-5-13 选择群聊对象窗口

【步骤 10】在微信的通讯录页面中，单击"文件传输助手"按钮，显示"文件传输助手"标签，如图 2-5-12 所示，单击"发消息"按钮，打开文件传输助手页面，在其中可以通过聊天的方式实现计算机与手机文件传输，操作与两人聊天相同。

【步骤 11】在微信的主窗口中打开收藏页面，可以分类查看收藏，也可以使用搜索工具按条件查找收藏内容。选择收藏主题并右击，弹出的快捷菜单为用户提供了转发、复制地址、删除等功能，如图 2-5-14 所示。单击收藏主题会弹出新窗口，显示收藏链接内容，单击"用默认浏览器打开"按钮，可以在网页浏览器中浏览链接内容并可保存、打印。

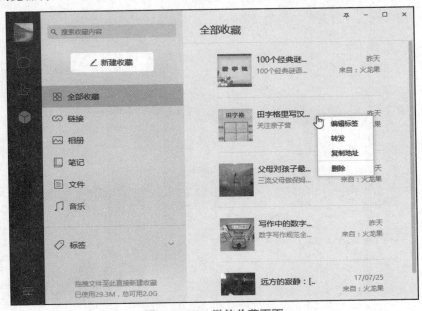

图 2-5-14 微信收藏页面

手机微信应用可以跨通信运营商、跨操作系统平台运行，支持多种语言。它可以通过网络快速免费发送文字或语音信息、视频、图片，也提供朋友圈、扫一扫、摇一摇、漂流瓶、附近的人、钱包等服务插件。两大移动支付之一的微信支付是集成在微信客户端的一个支付功能，用户可以通过手机完成快速的支付流程。微信支付向用户提供安全、快捷、高效的支付服务，以绑定银行卡的快捷支付为基础。通过手机微信应用中第三方服务还可以购买火车票、外卖、电影票等。微信为人们的日常生活、工作提供了极大便利。

做一做

1. 在计算机中下载并安装微信电脑版软件。

2. 配合手机微信，完成登录及信息同步。

3. 向一位好友发送一条语音信息。与好友互发几张图片，快速撤回一条自己发送的图片信息，保存一张对方发来的图片。

4. 建立至少 3 人的群聊。

5. 打开微信收藏夹，选择其中的一条收藏信息发给一位好友。

项目 3

文件管理工具

- ■文件压缩——WinRAR
- ■文件加密——文件夹加密超级大师
- ■文件恢复——EasyRecovery
- ■文件阅读——Adobe Reader
- ■文件格式转换——格式工厂
- ■文件格式转换——PDF 与 Word 转换
- ■文件翻译工具——金山词霸

在日常工作、学习中，如何高效管理计算机中的各类文件是每个人都会面临的问题。本项目将详细介绍各类文件管理工具的使用，通过本项目的学习，会使用户文件管理更方便、更精致、更快捷和更安全。

能力目标 ⇨　1. 掌握文件压缩工具的使用方法，能按需要压缩、解压缩文件。

2. 学会如何对文件进行加密、解密。

3. 掌握文件恢复技巧，能够对误删除的文件进行恢复。

4. 学会使用文件阅读器，能熟练阅读和查找、复制 PDF 文件内容。

5. 能够使用格式工厂软件对不同类型的文件进行转换。

6. 学会 PDF 文档与 Word 文档之间的相互转换。

7. 熟练掌握常用文件翻译工具的应用。

任务1　文件压缩——WinRAR

　　一个较大的文件经压缩后产生一个较小容量的文件，这个过程称为文件压缩。目前在网络上大家常用的文件大多属于压缩文件，文件下载后必须先解压缩才能使用。另外，在使用电子邮件附加文件功能的时候，最好也能预先对附加文件进行压缩处理，以提高效率。

任务分析

　　使用邮件的附件功能时，如果要添加的附件数量较多或体积过大，可以使用压缩工具的压缩功能进行文件压缩，从而减少文件数量、减小文件体积。接收到这种压缩文件后使用时，先用压缩工具的解压功能对文件进行解压缩，然后就可以正常打开文件了。

　　文件压缩工具有多种，目前比较流行的有 WinRAR、2345 好压等。

任务实施

一、快速压缩文件

WinRAR
文件压缩

　　【步骤1】把要压缩的文件放到一个文件夹中（或者选择所有需要一起压缩的文件和文件夹），选择文件夹后右击，在弹出的快捷菜单中选择"添加到压缩文件"命令，如图 3-1-1 所示。

　　【步骤2】在打开的"压缩文件名和参数"对话框中修改压缩文件名等参数，如图 3-1-2 所示。

　　【步骤3】根据需要可以单击"设置密码"按钮添加压缩密码，如图 3-1-3 所示。

　　【步骤4】设置完参数后单击"确定"按钮，即可生成压缩文件。新生成的压缩文件如图 3-1-4 所示。

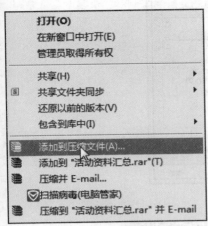

图 3-1-1　快捷菜单

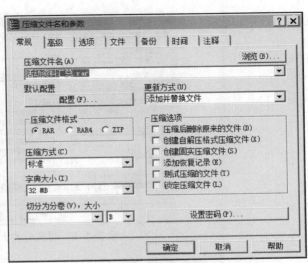

图 3-1-2　"压缩文件名和参数"对话框

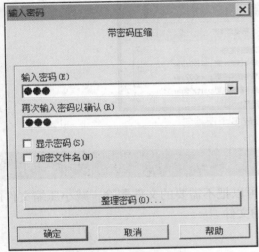

图 3-1-3　设置密码窗口

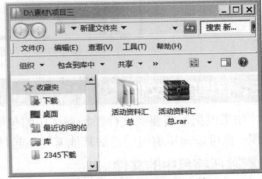

图 3-1-4　新生成压缩文件

【小提示】

　　WinRAR 采用独创的压缩算法,压缩效率更高,尤其是对可执行文件、大型文本文件等。

二、分卷压缩

　　分卷压缩可以将文件化整为零,常用于大型文件的网上传输。分卷传输之后再进行合成操作,既方便携带,也保证了文件的完整性。

　　【步骤 1】在"压缩文件名和参数"对话框的左下角可设置分卷大小,如图 3-1-5 所示。

　　【步骤 2】设置好压缩参数后开始压缩过程,压缩完成后会按照设置的分卷大小压缩成多个压缩包,如图 3-1-6 所示。

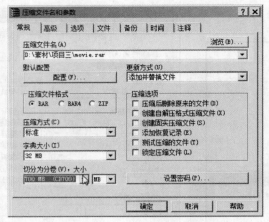

图 3-1-5 设置分卷大小

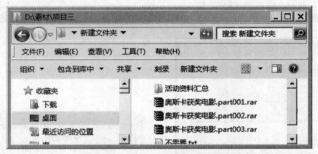

图 3-1-6 分卷压缩成多个压缩包

三、管理压缩文件

如果误把不需要的文件添加到了压缩包中，可以把不需要的文件删除，减小压缩文件的体积；也可以向压缩包中追加其他需要一起打包的文件。

1. 删除压缩包中的文件

【步骤 1】双击打开压缩包，并在主窗口中双击打开包含文件的文件夹，找到要删除的文件，如图 3-1-7 所示。

图 3-1-7 找到要删除的文件

【步骤 2】在不需要的文件上右击，在弹出的快捷菜单中选择"删除文件"命令，如图 3-1-8 所示，并确认删除。则生成的新的压缩文件中已经不包含所删除文件。

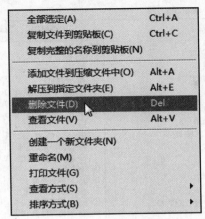

全部选定(A)	Ctrl+A
复制文件到剪贴板(C)	Ctrl+C
复制完整的名称到剪贴板(N)	
添加文件到压缩文件中(O)	Alt+A
解压到指定文件夹(E)	Alt+E
删除文件(D)	Del
查看文件(V)	Alt+V
创建一个新文件夹(N)	
重命名(M)	
打印文件(G)	
查看方式(S)	▶
排序方式(B)	▶

图 3-1-8　选择"删除文件"命令

2. 向压缩包中追加文件

直接把要追加的文件拖动到如图 3-1-7 所示的对应文件夹中，并在弹出的菜单中确认，即可把新文件添加到压缩包中。

【小提示】

单击右键，在弹出的快捷菜单中选择相应命令，可以对压缩包中的文件进行重命名、解压或排序等操作。

四、解压文件

通常把后缀名为".zip"或".rar"的文件称为压缩文件或压缩包，使用这种文件需要先对其进行文件解压缩，这个过程称为解压文件。

1. 在操作界面中解压

【步骤 1】直接双击压缩包，打开 WinRAR 参数设置窗口，如图 3-1-9 所示。

图 3-1-9　WinRAR 工具按钮

【步骤 2】单击工具按钮中的"解压到"按钮，打开"解压路径和选项"对话框，如图 3-1-10 所示。设置好解压保存路径后单击"确定"按钮就开始解压过程，完成后可以看到压缩包中包含的文件和文件夹。

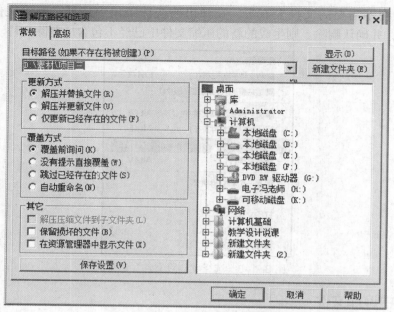

图 3-1-10　设置解压路径和选项

2. 右键解压

右击要解压缩的压缩包，在弹出的快捷菜单中选择"解压到当前文件夹"命令，如图 3-1-11 所示，则 WinRAR 会直接将文件解压到当前压缩包所在的位置。

图 3-1-11　弹出的快捷菜单

相关知识

由于计算机处理的信息是以二进制数的形式表示的，因此压缩软件就是把二进制信息中相同的字符串以特殊字符标记来达到压缩的目的。

总体来说，压缩可以分为有损压缩和无损压缩两种。如果丢失个别的数据不会造成太大的影响，这时可以忽略它们，这就是有损压缩。有损压缩广泛应用于动画、声音和图像文件中，典型的代表就是光盘文件格式 MPEG、音乐文件格式 MP3 和图像文件格式 JPEG。

但是更多情况下压缩数据必须准确无误，人们便设计出了无损压缩格式，如常见的 FLAC、TAK 等。压缩软件（Compression Software）自然就是利用压缩原理压缩数据的工具，压缩后所生成的文件称为压缩包（Archive），体积只有原来的几分之一甚至更小。当然，压

缩包已经是另一种文件格式了，如果想使用其中的数据，首先得用压缩软件把数据还原，这
个过程称作解压缩。常见的压缩软件有 WinZip、WinRAR 等。

拓展任务

下载安装压缩软件 WinZip，并试着完成压缩、解压缩、分割 Zip 文件和压缩加密等操作。

做一做

1. 把"迅雷下载"文件夹中的文件打包压缩成"下载文件"，如果文件大小超过 500MB，
分卷压缩成每 500MB 一个压缩包，压缩时加入密码。

2. 下载一种漂亮的字体（如清茶楷体），下载后解压缩，并双击安装字体。

3. 把上题中下载的字体添加到第 1 题中的一个压缩包中。

任务2　文件加密——文件夹加密超级大师

随着网络化、信息化的普及，文件安全问题越来越引起大家的重视。用户的文件有时候
并不想让他人获取、打开和使用。本任务将详细介绍文件夹加密超级大师的使用方法，满足
大家日常工作、生活中关于文件加密方面的需要。

任务分析

实现文件或文件夹的加密，要有一款合适的加密软件，最重要的是要掌握它的应用技巧。

文件夹加密超级大师是强大易用的加密软件，具有文件加密 / 解密、文件夹加密 / 解密
等功能。其采用先进的加密算法，使文件加密和文件夹加密后，真正达到无懈可击，没有密
码就无法解密，并能够防止被删除、复制和移动。

任务实施

一、文件加密

【步骤 1】安装好文件夹加密超级大师后，选中要加密的文件右击，在弹出的快捷菜单中
选择"加密"选项，如图 3-2-1 所示。然后，在弹出的文件加密对话框中设置文件加密密码，
并选择加密类型，然后单击"加密"按钮，如图 3-2-2 所示。

文件夹加密
超级大师

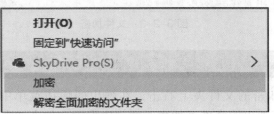

图 3-2-1　快捷菜单

图 3-2-2　设置参数

【步骤 2】另外一种加密方法是，打开文件夹加密超级大师，单击文件夹加密超级大师窗口上的"文件加密"按钮，在弹出的"请选择要加密的文件"对话框中选择需要加密的文件，如图 3-2-3 所示，单击"打开"按钮。然后在弹出的文件加密对话框中设置加密密码，选择加密类型，如图 3-2-2 所示，单击"加密"按钮。

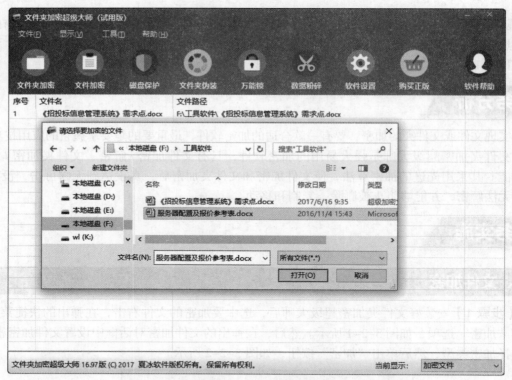

图 3-2-3　文件加密

二、文件夹加密

【步骤 1】在需要加密的文件夹上右击，在弹出的快捷菜单中选择"加密"选项，如图 3-2-4 所示。然后在弹出的文件夹加密对话框中设置文件夹加密密码，并选择加密类型，然后单击"加密"按钮，如图 3-2-5 所示。

图 3-2-4 文件夹加密

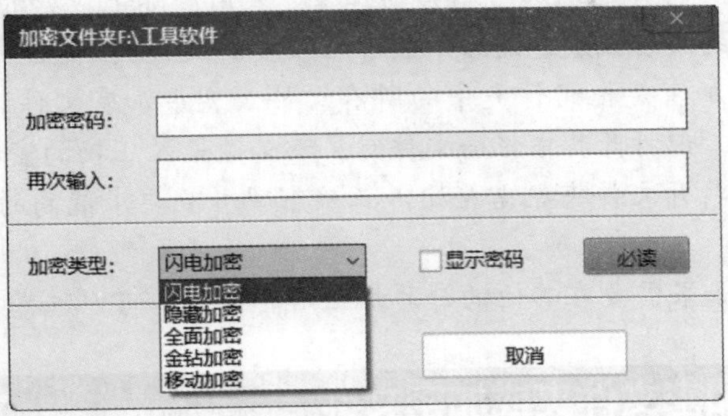

图 3-2-5 设置加密参数

【步骤 2】另外一种加密方法是，打开文件夹加密超级大师，单击文件夹加密超级大师窗口上的"文件夹加密"按钮，在弹出的对话框中选择需要加密的文件夹，单击"确定"按钮，然后在弹出的文件夹加密对话框中设置加密密码，选择加密类型，然后单击"加密"按钮，如图 3-2-6 所示。

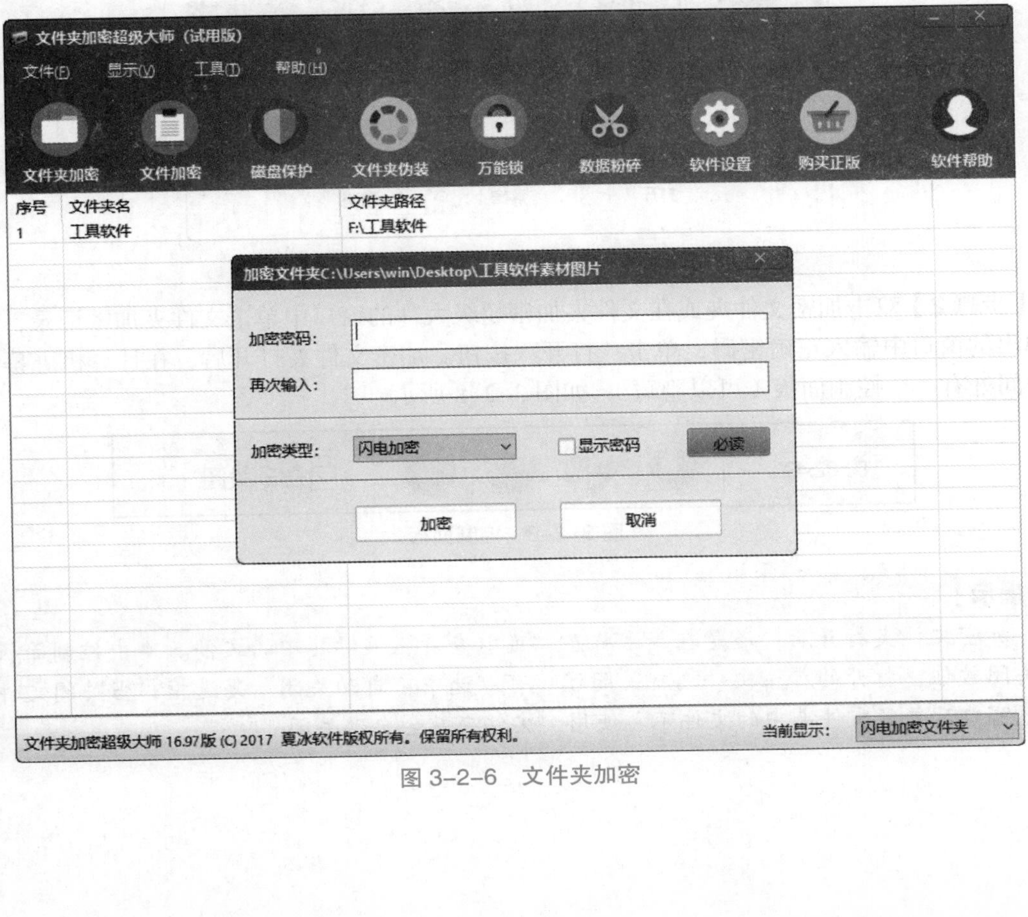

图 3-2-6 文件夹加密

　　文件夹加密超级大师有5种文件夹加密方法，分别是文件夹闪电加密、文件夹隐藏加密、文件夹全面加密、文件夹金钻加密和文件夹移动加密。

　　（1）文件夹闪电加密和隐藏加密：加密和解密速度非常快，并且不占用额外磁盘空间，非常适合加密体积较大的文件夹。

　　（2）文件夹全面加密、金钻加密和移动加密：采用国际上成熟的加密算法加密文件夹中的数据，具有最高的加密强度，适合加密非常重要的文件夹。

　　（3）文件夹全面加密是把文件夹中的所有文件加密成加密文件。文件夹全面加密后，可以正常打开文件夹，但打开其中任一文件时，都必须输入正确的密码。

　　如果想在加密后打开文件夹也需要输入正确密码并且要求最高的加密强度，可以选择金钻加密。

　　文件夹加密后，如果需要在其他的计算机上解密使用，可以选择文件夹移动加密。

三、打开、解密加密文件夹或加密文件

　　【步骤1】双击加密文件，然后在弹出的窗口中输入正确密码，单击"打开"按钮，如图3-2-7所示。加密文件打开后，可以查看和编辑文件。操作完毕后，文件夹加密超级大师会自动把该文件恢复到加密状态，不需要再次手动加密。如果想彻底解除密码，可以单击"解密"按钮，彻底解除加密。

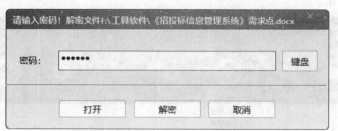

图 3-2-7　打开加密文件

　　【步骤2】双击加密文件夹或在文件夹加密超级大师的窗口中单击文件夹加密记录，然后在弹出的窗口中输入正确密码，单击"打开"按钮。加密文件夹打开后，在计算机屏幕最上方中间处有一个控制面板（可以隐藏），如图3-2-8所示。

图 3-2-8　控制面板

　　加密文件夹打开后，还是在加密状态，可以查看、编辑其中的文件。单击控制面板上的关闭按钮，打开的加密文件夹就关闭了。可以选中"自动关闭"复选框，当关闭文件夹浏览窗口后并且文件夹中的文件不再使用，文件夹就会自动关闭。

四、磁盘保护

对文件夹加密或文件加密都是小范围内的加密方式，该软件还能实现对整个磁盘分区的保护。这里提供 3 种磁盘保护方式："初级保护""中级保护"和"高级保护"，可分别实现不同的磁盘保护级别。

单击"磁盘保护"按钮进入磁盘保护设置界面，单击"添加磁盘"按钮，在弹出的对话框中选择想要保护的磁盘分区，同时选择保护级别，单击"确定"按钮，如图 3-2-9 所示，这时再在计算机中寻找已经保护的磁盘，发现已经被隐藏了。

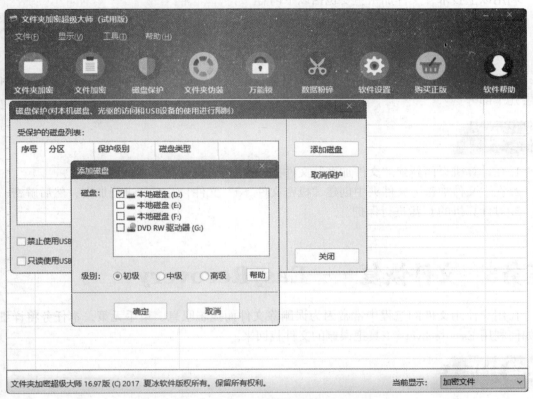

图 3-2-9 磁盘保护

【小提示】

3 种磁盘保护的区别。

初级保护：磁盘分区被隐藏和禁止访问（但在命令行和 DOS 下可以访问）。中级保护：磁盘分区被隐藏和禁止访问（命令行下也无法看到和访问，但在 DOS 下可以访问）。高级保护：磁盘分区被彻底隐藏，在任何环境用任何工具都无法看到和访问。

相关知识

文件加密是一种常见的密码学应用，文件加密技术是以下 3 种技术的结合。

（1）密码技术。包括对称密码和非对称密码，可能是分组密码，也可能采用序列密码文件加密的底层技术。

（2）文件系统。文件系统是操作系统的重要组成部分。对文件的输入输出操作或文件的组织和存储形式进行加密也是文件加密的常用手段。对动态文件进行加密尤其需要熟悉文件系统的细节。文件系统与操作系统其他部分的关联，如设备管理、进程管理和内存管理等，都可被用于文件加密。

（3）文件分析技术。不同的文件类型的语义操作体现在对该文件类型进行操作的应用程序中，通过分析文件的语法结构和关联的应用程序代码而进行一些置换和替换，在实际应用中经常可以达到一定的文件加密效果。

利用以上技术，文件加密主要包括以下内容。

①文件的内容加密通常采用二进制加密的方法。

②文件的属性加密。

③文件的输入输出和操作过程的加密，即动态文件加密。

通常一个完整的文件加密系统包括文件系统的核心驱动、设备接口、密码服务组件和应用层几个部分。

做一做

1. 在计算机桌面新建"文件加密"文件夹，并对其进行加密，然后解密。
2. 在"文件加密"文件夹中创建"机密文件 .txt"文件，并对其进行加密，然后解密。
3. 对计算机的 C 盘进行保护。

任务3 文件恢复——EasyRecovery

在用户使用文件的过程中常常因为误删除文件而扼腕叹息、束手无策，本任务将详细介绍如何利用 EasyRecovery 工具把误删的文件找回来。

任务分析

由于种种原因，用户可能会删除一些自己认为没有用的文件，而事后又追悔莫及。EasyRecovery 是一款专业的数据恢复工具，有了它，就可以轻松地恢复被删除的文件了，但还是要提醒大家：重要文件要备份！

任务实施

EasyRecovery 支持硬盘、U 盘、手机、平板电脑等设备的已删除文件的恢复。因病毒、误删、U 盘故障等问题导致的 Word、Excel、PPT、照片等文件丢失的情况，EasyRecovery 能做到较高的恢复成功率。

一、恢复误删文件

EasyRecovery
文件恢复

【步骤 1】打开 EasyRecovery，单击"误删除文件"按钮，如图 3-3-1 所示。此模式可以恢复误删除、剪贴丢失的文件。

图 3-3-1　Easy Recovery 界面

【步骤 2】选择丢失文件所在的盘符，然后单击"下一步"按钮，如图 3-3-2 所示。如果是桌面删除的文件扫描 C 盘，如果是回收站清空的直接扫描原文件所在盘符。

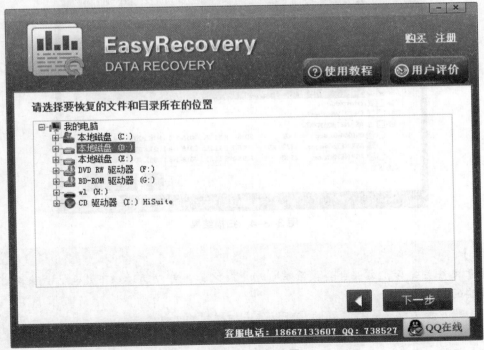

图 3-3-2　选择位置

【步骤3】静待扫描结束，可能需要较长时间，需耐心等待，如图3-3-3所示。

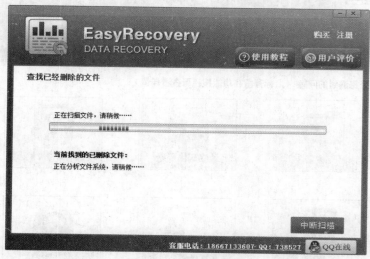

图 3-3-3　扫描文件

【步骤4】扫描完成后，查看扫描结果，选择要恢复的文件，如图3-3-4所示，然后单击"下一步"按钮。

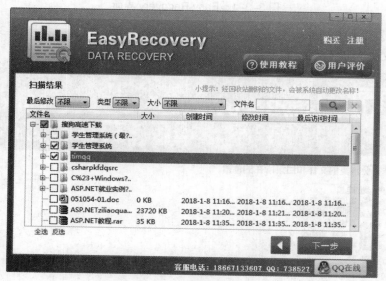

图 3-3-4　扫描结果

【小提示】

　　注意文件丢失后，文件也会被系统自动更改名称，可以通过以下几种方式来判断是否为所需要的数据。

（1）照片和文档是支持预览的，可以单击扫描到的文件查看。

（2）根据数据的创建、修改时间来判断。

（3）根据文件类型来查找。例如，想要恢复的是Word文件，就在"类型"下拉列表中选择"文档"选项，然后"查找"按钮。

【步骤 5】选择一个路径存放需要恢复出来的文件，然后单击"下一步"按钮，即可完成数据恢复，如图 3-3-5 所示。

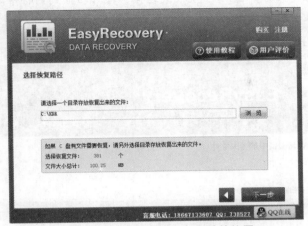

图 3-3-5　选择存放恢复文件的位置

【小提示】

（1）恢复数据到另外的分区上，以免造成数据覆盖。例如，丢失的数据在 D 盘，则恢复的数据存到 C、E、F 盘都可以。

（2）如果存放恢复数据盘的大小不够，可以单击"返回上一步"按钮，重新选择需要恢复的文件，选择重要的文件先恢复（如文档和照片），或者外接一个大容量的移动硬盘，再恢复。

（3）在 U 盘、内存卡、移动硬盘中丢失的数据可以直接恢复到计算机硬盘中。

二、恢复U盘、内存卡数据

【步骤 1】单击"U 盘手机相机卡恢复"按钮，本模式可以恢复各类原因丢失的 U 盘和内存卡中的数据。

【步骤 2】选择 U 盘或内存卡，然后单击"下一步"按钮，如图 3-3-6 所示。

图 3-3-6　选择 U 盘或内存卡

（1）手机连接计算机时，选用U盘模式连接，即可扫描到内存卡。

（2）内存卡先从手机中拔出，插入读卡器，再连接计算机，即可扫描到内存卡。

【步骤3】等待扫描结束，如图3-3-7所示。

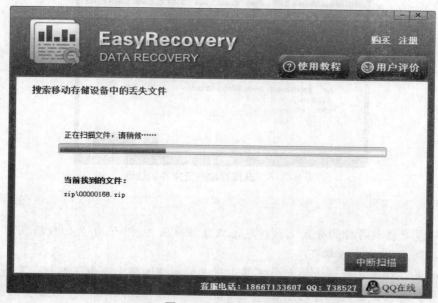

图3-3-7　扫描文件

【步骤4】扫描结束后查看扫描结果，选择要恢复的文件，然后单击"下一步"按钮，如图3-3-8所示。

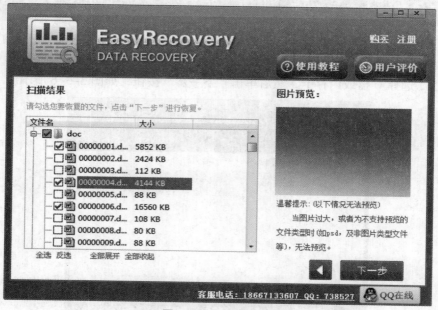

图3-3-8　扫描结果

【步骤 5】选择一个路径存放恢复出来的文件，单击"下一步"按钮，即可完成数据恢复，如图 3-3-9 所示。

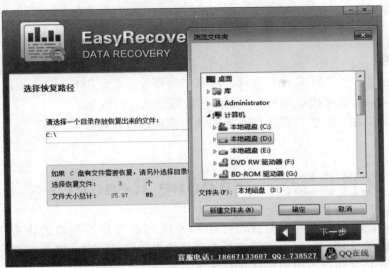

图 3-3-9　选择恢复文件存放的路径

【小提示】

丢失数据后尽量不要再进行任何操作，如往磁盘（硬盘、U 盘等）写入任何数据（下载 / 移动文件等）。

相关知识

关于防止数据丢失的 3 种方法。

1. 永远不要将数据文件保存在操作系统的同一驱动盘上

大家知道大部分文字处理软件会将创建的文件保存在"我的文档"中，然而这恰恰是最不适合保存文件的地方。对于影响操作系统的大部分问题（不管是因为病毒问题还是软件故障问题），通常唯一的解决方法就是重新格式化驱动器或重新安装操作系统，如果是这样的话，驱动盘上所有的数据都会丢失。

另外一个成本相对较低的解决方法就是在计算机上安装第二个硬盘，当操作系统被破坏时，第二个硬盘驱动器不会受到任何影响。如果需要购买一台新计算机时，这个硬盘还可以被安装在新计算机上，而且这种硬盘安装非常简便。

如果用户对安装第二个硬盘的方法不很认可，另一个很好的选择就是购买一个外置硬盘，外置硬盘操作更加简便，可以在任何时候用于任何计算机。

2. 定期备份数据文件，不管它们被存储在什么位置

将文件全部保存在操作系统是不够的，应该将文件保存在不同的位置，并且需要创建文件的定期备份，这样就能保障文件的安全性。

3. 提防用户错误

很多时候是因为自己的问题而导致数据丢失，可以考虑利用文字处理软件中的保障措

施，例如，版本特征功能和跟踪变化。用户数据丢失的最常见的情况就是当他们在编辑文件的时候，意外地删除掉某些部分，那么在文件保存后，被删除的部分就丢失了，除非启用了保存文件变化的功能。

做一做

1. 在 D 盘创建一个"测试 .txt"文件，将其彻底删除，尝试用 EasyRecovery 进行数据恢复。
2. 利用 EasyRecovery 把近期手机上删除的数据尝试进行恢复。
3. 利用 EasyRecovery 把 U 盘近期删除的数据尝试进行恢复。

任务4　文件阅读——Adobe Reader

Adobe Reader 是一个查看、阅读、打印和管理 PDF 文件的免费的优秀工具。在 Adobe Reader 中打开 PDF 文件后，可以使用多种工具快速查找信息。PDF 文档的撰写者可以向任何人分发自己的 PDF 文档而不用担心被恶意篡改。

任务分析

为了使文件在传输（如用邮件发送、外部存储设备存储等）过程中内容和格式不受影响，需要将 Word 文档转换成 PDF 格式。目前 PDF 格式非常流行，而且 Word 文档可以方便地转换为 PDF 格式。要阅读和查看 PDF 文件，可以使用专门的文件阅读器 Adobe Reader。

任务实施

首先要下载 Adobe Reader 9 并安装到计算机中。现在来学习这个文件阅读器的使用方法。

一、查看PDF文档

Adobe Reader
文件基本
操作

【步骤1】计算机安装 Adobe Reader 软件后即可与 PDF 文档自动关联，直接双击 PDF 文档可快速打开，如图 3-4-1 所示。

图 3-4-1　双击打开 PDF 文件

【步骤2】Adobe Reader 软件主窗口中显示的工具栏可通过"视图"→"工具栏"进行增删设置，如图 3-4-2 所示，带"√"的工具栏为已经显示的工具栏，没有标记的工具栏为当前隐藏不显示的工具栏。

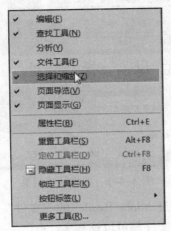

图 3-4-2　设置显示的工具栏菜单

【步骤3】双击打开 PDF 文件后，可以通过工具栏打开常用的工具，在文件阅读时可以根据需要进行缩放和移动，方便阅读，如图 3-4-3 所示。

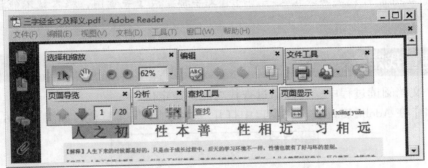

图 3-4-3　Adobe Reader 工具栏

二、选择和复制文档内容

在使用 Adobe Reader 阅读 PDF 文档时，可以对文档中的文本和图像进行选择和复制，以便粘贴到 Word 或记事本等文字处理软件中。

【步骤1】在 Adobe Reader 软件窗口中打开"选择和缩放"工具栏，如图 3-4-4 所示，单击选择工具，鼠标变成"I"形状。

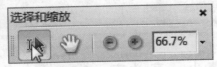

图 3-4-4　"选择和缩放"工具栏

【步骤2】直接在 Adobe Reader 软件窗口的正文中按下鼠标左键并拖动选择要复制的内容，松开鼠标后，在高亮显示的所选内容上右击，在弹出的快捷菜单中选择"复制"命令，如

图 3-4-5 所示，即可把所选内容复制到剪贴板上，即可在如 Word 或记事本等文字处理软件中粘贴使用。

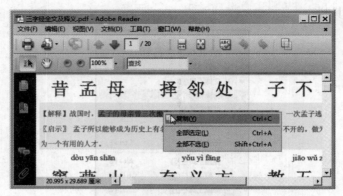

图 3-4-5 弹出快捷菜单

【步骤 3】PDF 文件也可以通过 Adobe Reader 的"文件"→"另存为文本"命令，直接保存为文本文件（不是所有的 PDF 文件都可以这样）。

【小提示】

　　PDF 文件有两种情况不能复制文字。一种是非标准内码，复制过程能实现，但贴出来全是乱码。还有一种就是曲线化文字，所有文字都变成了矢量图，根本就不能按文字进行选择。

三、快速查找定位

　　在 PDF 文档阅读过程中，可以通过查找功能快速定位。

【步骤 1】在 Adobe Reader 软件窗口中打开"查找工具"工具栏，如图 3-4-6 所示。

图 3-4-6 "查找工具"工具栏

　　【步骤 2】在"查找工具"工具栏的文本框中输入"教五子"后，单击"查找下一个"按钮，则快速查找并定位到文中位置，如图 3-4-7 所示。

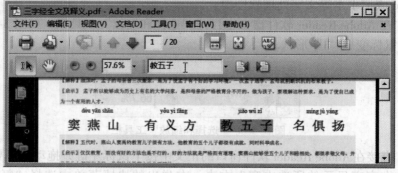

图 3-4-7 查找结果

【小提示】

　　Adobe Reader 用于阅读 PDF 文档，不能对文本进行修改。如果需要编辑 PDF 文档，可以使用 Adobe Acrobat 等软件。

相关知识

　　PDF 是 Portable Document Format 的简称，意为"便携式文档格式"，是由 Adobe Systems Incorporated 公司用于与应用程序、操作系统、硬件无关的方式进行文件交换所发展出的文件格式。PDF 文件以 PostScript 语言图像模型为基础，无论在哪种打印机上都可保证精确的颜色和准确的打印效果，即 PDF 会忠实地再现原稿的每一个字符、颜色及图像。

　　可移植文档格式是一种电子文档格式。这种文档格式与操作系统平台无关，也就是说，PDF 文件不管是在 Windows、UNIX 还是在苹果公司的 Mac OS 操作系统中都是通用的。这一特点使它成为在 Internet 上进行电子文档发行和数字化信息传播的理想文档格式。越来越多的电子图书、产品说明、公司文告、网络资料、电子邮件开始使用 PDF 格式文件。

做一做

　　1. 打开 "D:\ 素材 \ 项目 3\ 三字经全文及释义 .pdf" 文件，查找"莹八岁，能咏诗"并仔细阅读说明，文中的"莹"指的是谁？

　　2. 把上题中的文件"三字经全文及释义 .pdf"保存为 TXT 文本文件"三字经 .txt"。

　　3. 把上题中"三字经 .txt"的除正文以外的注释内容去掉，只保存《三字经》正文内容，保存名为"三字经正文 .txt"。

任务5　文件格式转换——格式工厂

　　格式工厂（Format Factory）是一款多媒体格式转换软件，主要用来对一些视频或图片等文件的格式进行转换，通过这个软件可以把一些文件转变成特定设备或软件支持的格式。

任务分析

　　在工作、生活、学习中人们经常遇到视频、音频、图片等文件格式转换的情况。例如，为了便于在手机上观看，要把 RMVB 格式的视频转换成 MP4 格式，这就要用到文件格式转换工具，格式工厂刚好能够满足这个需求，下面就来学习如何使用它。

任务实施

一、输出文件位置设定

　　打开格式工厂软件。首先单击"选项"按钮，定义输出文件的存放位置，如"D:\ 格式工厂输出"，如图 3-5-1 所示。

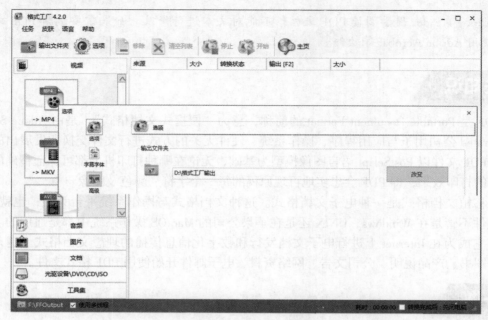

图 3-5-1　格式工厂界面

二、视频格式转换

格式工厂文
件格式转换

【步骤 1】首先要设置将视频转换成什么样的格式。例如，要转换成 MP4 格式，那就单击如图 3-5-1 所示的界面中的"->MP4"按钮，打开如图 3-5-2 所示的对话框，单击"输出配置"按钮，可进行输出前参数的设置。

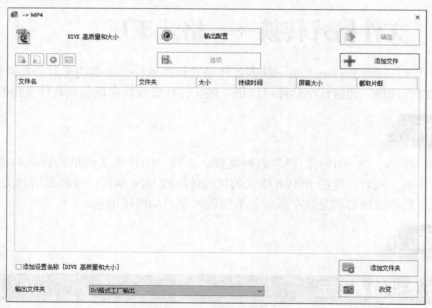

图 3-5-2　转换至 MP4

【步骤 2】如图 3-5-3 所示设置相关参数，如果需要调整屏幕大小，可以设置"屏幕大小"参数，其他参数可根据需要进行调整，然后单击"确定"按钮。

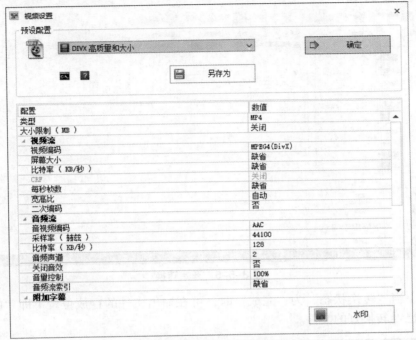

图 3-5-3　输出参数设置

【步骤 3】设置好输出参数后，单击"添加文件"按钮，通过浏览找到所需转换的文件，添加到转换列表中，如果需要转换多个文件，可以重复添加，如图 3-5-4 所示，然后单击"确定"按钮。

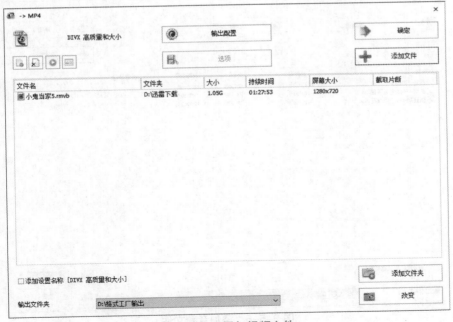

图 3-5-4　添加视频文件

【步骤4】在主程序界面单击"开始"按钮，开始进行格式转换，如图3-5-5所示。

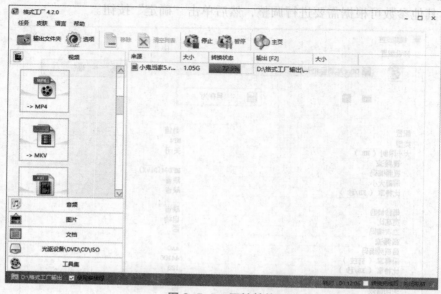

图 3-5-5　开始转换

【步骤5】当"转换状态"为"完成"时，可在输出文件的存放位置（即"D:\格式工厂输出"）找到已经转换好的文件。

三、音频格式转换

【步骤1】在图3-5-1所示的界面左侧功能导航中找到"音频"组，单击"->MP3"按钮打开设置对话框，添加需要转换的音频文件，如图3-5-6所示，单击"确定"按钮。

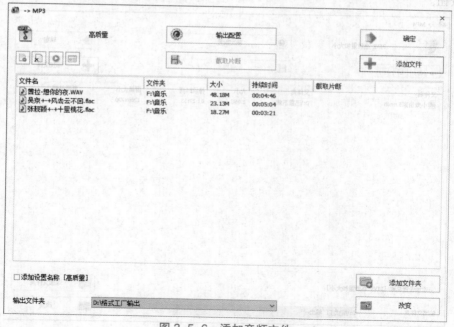

图 3-5-6　添加音频文件

【步骤2】在主程序界面单击"开始"按钮，开始进行格式转换，如图3-5-7所示。

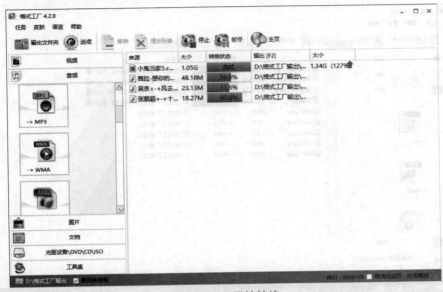

图3-5-7　开始转换

【步骤3】当"转换状态"都为"完成"时，可在输出文件的存放位置（即"D:\格式工厂输出"）找到已经转换好的文件。

四、图片格式转换

【步骤1】在图3-5-1所示的界面左侧功能导航中找到"图片"组，单击"->PNG"按钮打开设置对话框，添加需要转换的图片文件，如图3-5-8所示，单击"确定"按钮。

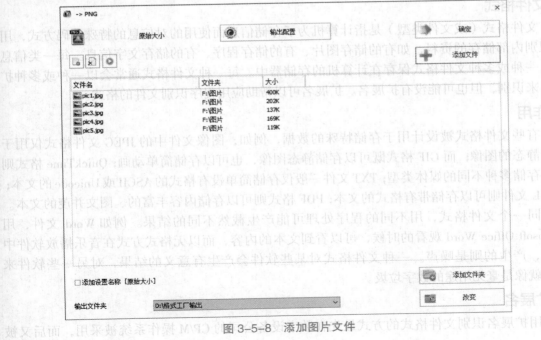

图3-5-8　添加图片文件

【步骤2】在主程序界面单击"开始"按钮，开始进行格式转换，如图3-5-9所示。

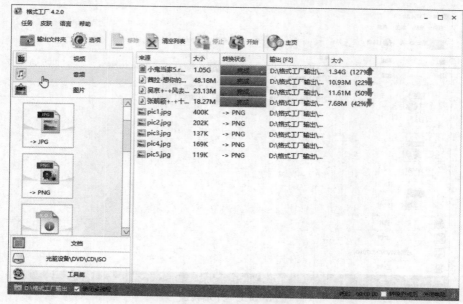

图3-5-9　开始转换

【步骤3】当"转换状态"都为"完成"时，可在输出文件的存放位置（即"D:\格式工厂输出"）找到已经转换好的文件。单击主程序窗口中的"清空列表"按钮，可以把列表中已完成的任务清除。

相关知识

1. 文件格式

文件格式（或文件类型）是指计算机为了存储信息而使用的对信息的特殊编码方式，用于识别内部储存的资料，如有的储存图片、有的储存程序、有的储存文字信息。每一类信息都以一种或多种文件格式保存在计算机的存储器中。每一种文件格式通常会以一种或多种扩展名来识别，但也可能没有扩展名。扩展名可以帮助应用程序识别文件的格式。

2. 作用

有些文件格式被设计用于存储特殊的数据，例如，图像文件中的JPEG文件格式仅用于存储静态的图像；而GIF格式既可以存储静态图像，也可以存储简单动画；QuickTime格式则可以存储多种不同的媒体类型；TXT文件一般仅存储简单没有格式的ASCII或Unicode的文本；HTML文件则可以存储带有格式的文本；PDF格式则可以存储内容丰富的、图文并茂的文本。

同一个文件格式，用不同的程序处理可能产生截然不同的结果。例如Word文件，用Microsoft Office Word观看的时候，可以看到文本的内容，而以无格式方式在音乐播放软件中播放，产生的则是噪声。一种文件格式对某些软件会产生有意义的结果，对另一些软件来看，就像是毫无用途的数字垃圾。

3. 扩展名

用扩展名识别文件格式的方式最先在数字设备公司的CP/M操作系统被采用，而后又被

DOS 和 Windows 操作系统采用。扩展名是指文件名中最后一个点 "."号后的字母序列。例如 HTML 文件通过 .html 扩展名识别；GIF 图形文件用 .gif 扩展名识别。在早期的 FAT 文件系统中，扩展名限制只能是 3 个字符，因此尽管绝大多数的操作系统已不再有此限制，许多文件格式至今仍然采用 3 个字符作为扩展名。因为没有一个正式的扩展名命名标准，所以，有些文件格式可能会采用相同的扩展名，出现这样的情况就会使操作系统错误地识别文件格式，同时也给用户造成困惑。

扩展名方式的一个特点是，更改文件扩展名会导致系统误判文件格式。例如，将文件名 .html 简单改为文件名 .txt 会使系统误将 HTML 文件识别为纯文本格式。尽管一些熟练的用户可以利用这个特点，但普通用户很容易在改名时发生错误，而使得文件无法使用。

做一做

1. 从网上下载一些 AVI 格式或 RM 的视频，并转换成 MP4 格式。
2. 从网上下载一些 WAV 格式的歌曲并转换成 MP3 格式。
3. 从网上下载一些 JPG 格式的图片并转换成 PNG 格式。
4. 从网上下载一些 GIF 格式的图片并转换成 BMP 格式。

任务6　文件格式转换——PDF与Word转换

Word 和 PDF 是日常工作和生活中常用的两类文档。Word 可以在文件中直接编辑，很方便。而 PDF 不受操作系统限制，更适合信息的阅读、传播。为了满足不同场合的需求，经常需要在两种文档格式之间转换。

任务分析

Word 文档转换成 PDF 文档有各种好处，首先有的计算机不支持 Word 文档，或者只支持一部分 Word 格式，例如，只支持 doc 格式而不支持 docx 格式。转换成 PDF 文档以后，就可以使用 PDF 软件打开，而不必使用 Word 了。在打印的时候，PDF 格式也不会发生变化。而有些时候为了方便编辑，也需要把 PDF 文档转换成 Word 文档，总之应该 "来去自如" 才能满足不同情况的需求。

任务实施

一、使用Word 2010自带的转换功能将Word文档转换为PDF文档

打开要转换格式的 Word 文档，选择 "文件" → "另存为" 选项，弹出 "另存为" 对话框，在 "保存类型" 下拉列表中选择 "PDF（*.pdf）" 选项，并设置好文件名和保存路径，单击 "保存" 按钮即可完成转换，如图 3-6-1 所示。

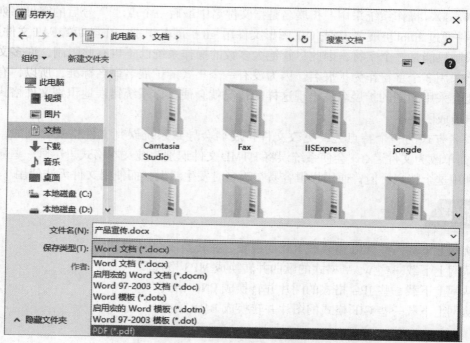

图 3-6-1 设置保存类型

二、利用"福昕PDF转Word"把PDF文档转换成Word文档

PDF转
Word

　　【步骤1】打开福昕官网（https://www.foxitsoftware.cn），找到并下载"福昕 PDF 转 Word"软件，如图 3-6-2 所示，单击"拖入 PDF 文件或单击添加文件"图标，添加要转换的 PDF 文件，一次可以添加多个文件。

图 3-6-2　福昕 PDF 转 Word 界面

【步骤 2】也可单击"添加文件"按钮，继续添加 PDF 文件，如图 3-6-3 所示。

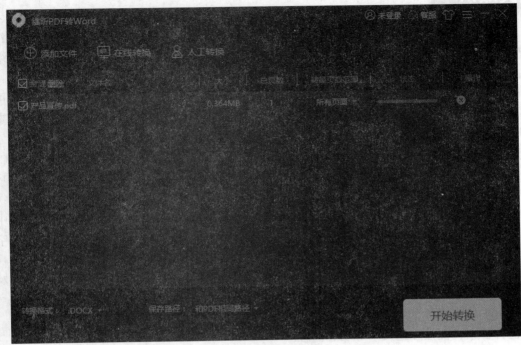

图 3-6-3 添加文件

【步骤 3】单击"保存路径"下拉按钮，在弹出的下拉列表中可以选择默认的"和 PDF 相同路径"选项，也可以自定义保存路径，然后单击"开始转换"按钮，当"状态"为"转换成功"时，即完成了文件的转换，如图 3-6-4 所示。

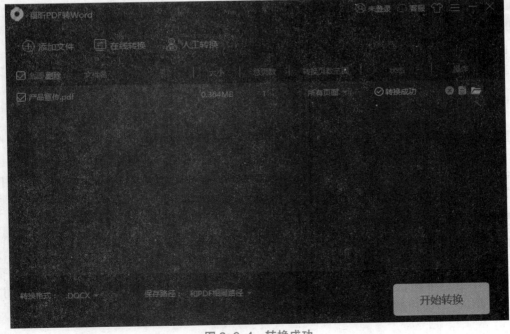

图 3-6-4 转换成功

PDF 的全称为 Portable Document Format，译为可移植文档格式，是一种电子文件格式。这种文件格式与操作系统平台无关，越来越多的电子图书、产品说明、公司文告、网络资料、电子邮件开始使用 PDF 格式文件，PDF 文件具有如下突出特点。

（1）具有与设备无关的页面描述和较为固定的文件结构。这样，每一个 PDF 文件就可以在不同的计算机平台（如 Windows、Mac OS 和 UNIX 操作系统）上显示，并且显示的结果具有一致的外观。

（2）高效的数据压缩。PDF 支持多种标准压缩方式，如 JPEG、CCITT Group3、CCITT Group4、LZW 等，并且针对页面上不同的对象采取不同的压缩方式，这样可保证 PDF 轻巧灵活、便于移植。

（3）字体的独立性。PDF 文件包含一个描述所用到的各种字体的"字体描述器"，其中包含字体名、字符规格和字体风格信息。如果应用 PDF 的系统缺少某种字体，就可利用"字体描述器"中的信息来模拟该字体，这样就能保证 PDF 中的任何文本都能被准确还原。

（4）页面的随机存取。PDF 文件通过"交叉引用表"可以直接存取指定页面和指定对象的信息。

（5）支持多媒体信息。PDF 文件中不仅可以包含文字、图形和图像等静态页面信息，还可以包含音频、视频和超文本等动态信息。

PDF 文件格式的设计目的就是印刷出版和电子出版，网络出版出现后，PDF 照样找到了自己的用武之地。PDF 本身带有符合跨媒体出版要求的特征，因为它植根于 PostScript 技术，继承了该技术的所有优点。此外，在 PDF 中还集成了显示 PostScript 技术，以求得硬复制输出和显示效果的一致性。

1. 将自己计算机中常用的一些 Word 文档转换成 PDF 格式。
2. 从网上下载一些 PDF 格式的技术资料，尝试转换成 Word 文档。

任务7　文件翻译工具——金山词霸

金山词霸是帮助用户更好地学习英语而推出的软件，PC 端和手机端都可以使用，用户可以随时随地通过金山词霸来查询单词、学习英语。

人们在学习、工作中经常会遇到不认识的单词，或者翻译外文资料，金山词霸是一款以查询、翻译中英单词、语句为主要功能的软件，主要有词典、翻译、生词本、背单词等功能。会使用它，人们的翻译任务会很轻松地完成。

任务实施

一、词典

【**步骤 1**】查询英文单词，以查询"computer"为例，打开金山词霸，在左侧功能导航栏中选择"词典"选项，出现单词查询窗口，在搜索框中输入单词"computer"，单击"查询"按钮，会显示出"computer"的基本词义，如图 3-7-1 所示。

金山词霸

图 3-7-1　查询英文单词

【**小提示**】

单击 🔊 按钮可以读出单词的发音；如果想收录该单词，单击 🔲 按钮可以收录到生词本中；选中左侧功能导航栏下方的 ☑ 取词 复选框后，鼠标指针指向任何词汇都会以悬浮窗口的形式进行翻译。

【**步骤 2**】查询中文词语，以词语"中国"为例。首先输入"中国"，接下来进行查询，显示如图 3-7-2 所示的结果。

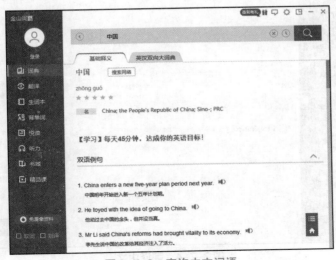

图 3-7-2　查询中文词语

二、翻译

【步骤1】选择左侧功能导航栏中的"翻译"选项，在"原文"文本框中输入"I love china"，单击"翻译"按钮，显示如图3-7-3所示的结果。

图3-7-3 翻译英文

【步骤2】同样，也可以实现把中文语句翻译成英文语句，例如，输入"我是中国人"单击"翻译"按钮，结果如图3-7-4所示。

图3-7-4 翻译中文

【小提示】

　　用户如果需要译文可以单击"复制"按钮，若想清空单击"清空"按钮即可。

三、生词本

　　【步骤 1】生词本收录了用户在查词、翻译过程中添加的词汇，便于用户查询复习，如图 3-7-5 所示。

图 3-7-5　生词本界面

　　【步骤 2】为了便于对单词进行管理，还可以根据需要单击"新建生词本"按钮，给生词本的单词分类，如图 3-7-6 所示。

图 3-7-6　新建生词本界面

四、背单词

　　金山词霸为用户提供了大量单词，用户可以根据自身情况选择适合自己的单词来学习，如图 3-7-7 所示。

图 3-7-7　背单词界面

相关知识

金山词霸和有道词典都是功能非常强大的翻译软件，二者各有各的优势。

1. 金山词霸的特点

（1）金山词霸实现了 PC/ 网站 / 手机三平台数据同步，可以随时随地背单词。

（2）全新、极速、准确翻译体验。

（3）悬浮查词小窗口，想要对不认识的单词随查随写又不想频繁切换窗口，右上角的词霸悬浮小窗随时待命。

（4）轻巧快速，内容丰富，包含四 / 六级、考研、雅思、GRE 等热门考试高频词。

2. 有道词典的特色

（1）多语种，支持中、英、日、韩、法多语种互译。

（2）离线词库，离线词库容量提高 10 倍，词库内容扩大到 100 万条。

（3）云图书，一站式的英语学习平台，词汇、口语、听力、阅读一网打尽。

（4）网络释义，独创"网络释义"，轻松囊括互联网上的新词、热词。

（5）单词本，支持与桌面词典的复习计划互相同步，随时随地背单词。

做一做

1. 找一篇英文短篇小说，试着读一读，遇到不会的单词、不懂的句子用金山词霸查一查，在此过程中把你认为重要的单词收录到生词本。

2. 利用金山词霸翻译下面的英文资料。

Urbanization—migration away from the suburbs to the city center—will be the biggest real estate trend in 2015，according to a new report. The report says America's urbanization will continue to be the most significant issue affecting the industry，as cities across the country imitate the walkability and transit-oriented development making cities like New York and San Francisco so successful.

项目 4

图形图像及处理工具

- ■ 看图工具——ACDSee
- ■ 屏幕截图工具——Snagit
- ■ 数码照片处理——光影魔术手
- ■ 美图工具——美图秀秀

随着数码科技的发展，用户习惯将日常工作与生活中的一些重要的、美好的事物以图像的形式进行记录，并通过计算机对保存的图像进行各种最基本的加工处理，使之更加美观，并且希望能够快速、随时地获取自己想要的图像。

除此之外，用户还将一些原本不属于图形图像表达范畴的工作流程、工作模式、模型和结构等内容图形化，以便可以对其进行更好地理解和表达。

鉴于图形图像广泛的使用，为了满足计算机用户的需求，出现了多种各具特色的图形图像工具，使用图形图像工具对数字图像的处理与获取已经成为计算机的重要功能之一。

本项目将通过介绍 ACDSee、Snagit、光影魔术手、美图秀秀等 4 个工具软件，帮助用户掌握图像的捕捉、浏览、编辑、美化、管理等方法，让用户快速进入图形图像的奇妙世界。

能力目标 ⇨　1. 掌握图像的捕捉、浏览、编辑、美化、批处理等工具软件的应用。

2. 学会用图像相关软件对图像进行各种编辑处理。

3. 掌握在 ACDSee 中编辑、管理和转换图片格式的方法，能使用 ACDSee 快速浏览图片。

4. 掌握使用 Snagit 捕获屏幕文件的方法，并能使用 Snagit 捕获屏幕文件。

5. 掌握使用光影魔术手处理图片的基本操作方法，并能使用光影魔术手编辑图片。

6. 掌握使用美图秀秀美化图片的方法，并能使用美图秀秀美化图片。

任务1　看图工具——ACDSee

ACDSee 是目前非常流行的数字图像管理软件，它广泛应用于图片的获取、管理、浏览和优化。使用 ACDSee 可以从数码相机和扫描仪中高效获取图片，并进行便捷的查找、组织、预览等操作；它支持多种格式的图形文件，并能完成格式间的相互转换；它能快速、高质量地显示图片，再配以内置的音频播放器，可以播放精彩的幻灯片。此外，ACDSee 还是很好的图片编辑工具，能够轻松处理数码影像，拥有去除红眼、剪切图像、锐化、浮雕特效、曝光调整、旋转、镜像等功能，并可进行批量处理。

本任务将以 ACDSee 12 版本为例进行讲解。

任务分析

ACDSee 的主要功能是浏览图片，它不但可以改变图片的显示方式，还可以进入幻灯片浏览器或浏览多张图片；其次是编辑图片，可以对图片的亮度、对比度和色彩等进行调整，还可以进行裁剪、旋转、缩放、添加文本等操作；另外可以对图片文件进行简单的管理，包舌重命名、复制、移动、转换图片格式等操作。

一、浏览和播放图片

ACDSee 的主要功能是浏览图片。

【步骤 1】启动 ACDSee 12，进入其主界面，如图 4-1-1 所示，可快速浏览计算机中的图片文件。

ACDSee批量转换文件

图 4-1-1　ACDSee 主界面

下面浏览计算机中指定文件夹内的图片内容，并对图片进行播放。

【步骤 2】在"文件夹"窗格中选择"计算机"选项，展开图片所在的盘符和路径，这里展开"D:\ 素材 \ 项目 4\ 风景花卉"文件夹。在文件列表上方将会显示该文件夹的路径，如图 4-1-2 所示的"D:\ 素材 \ 项目 4\ 风景花卉"，在右侧的图片文件显示窗口中便可浏览到"风景花卉"文件夹中的所有图片，如图 4-1-2 所示。

【步骤 3】在图片文件显示窗口中选中需要浏览的图片，将会弹出一个独立于窗口的显示图片，同时在左下角的"预览"窗格中也会显示该图片的放大效果，如图 4-1-3 所示，便于进一步浏览。

图 4-1-2 浏览图片

图 4-1-3 查看图片的放大效果

【小提示】
　　将鼠标指针移至需要查看的图片文件上稍作停留，在无须选择该图片的情况下，系统会自动弹出该图片文件的放大效果。

　　【步骤 4】选择图片的浏览方式。

　　单击图片文件显示窗格上方的"过滤"下拉按钮，在弹出的下拉列表中选择"高级过滤器"选项，打开如图 4-1-4 所示的"过滤器"对话框，通过选择"应用过滤准则"项目下面的规则对图片进行过滤。

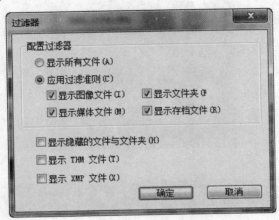

图 4-1-4　"过滤器"对话框

　　单击图片文件显示窗格上方的"查看"下拉按钮，在弹出的下拉列表中可以选择"平铺""图标"等显示方式。如图 4-1-5 所示为选择"图标"方式进行浏览的效果。

　　单击图片文件显示窗格上方的"排序"下拉按钮，在打开的下拉列表中可以选择按文件名、大小、图像类型等进行排序，如图 4-1-6 所示为按文件"大小"进行的排序。

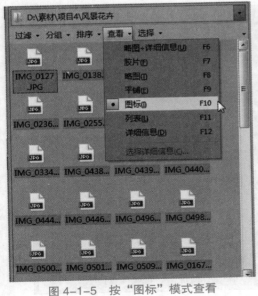

图 4-1-5　按"图标"模式查看

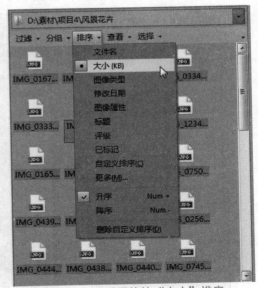

图 4-1-6　对图片按"大小"排序

【步骤 5】在图片文件显示窗格中选中某张需要详细查看的图片，按 Enter 键或双击该图片即可切换到全屏模式查看整张图片。使用上、下、左、右 4 个方向键可切换查看的图片，还可通过图片查看器中的相应按钮，进行查看上 / 下一张图片、缩放、旋转、全屏等操作，如图 4-1-7 所示。

图 4-1-7　查看整张图片

【步骤 6】单击"幻灯放映"下拉按钮，在弹出的下拉列表中选择"幻灯放映"选项，让图片自动播放起来，如图 4-1-8 所示。开启幻灯放映浏览模式，可利用放映工具条设置放映的顺序、时间间隔、循环方式等，如图 4-1-9 所示。

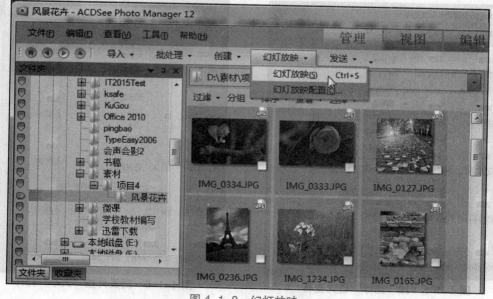

图 4-1-8　幻灯放映

图 4-1-9　幻灯放映工具条

二、编辑图片

ACDSee 除了具有图片浏览功能外，还提供了强大的图片编辑功能，使用它可以对图片的亮度、对比度和色彩等进行调整，还可进行裁剪、旋转、缩放、添加文本等操作。下面将调整图片颜色，并为图片添加文字和边框，具体操作如下。

【步骤1】启动 ACDSee 进入主界面后，选择要进行编辑的图片，单击菜单栏右侧的"编辑"按钮，如图 4-1-10 所示，进入图片编辑窗口。

图 4-1-10　图片编辑窗口

【步骤2】图片编辑窗口左侧的"编辑工具"窗格中显示了许多编辑选项，根据需要在其中选择相关参数。这里选择"颜色"栏中的"色彩平衡"选项，如图 4-1-11 所示。

在其中可对图片的饱和度、色调和亮度等参数进行设置，设置完成后单击"完成"按钮。

图 4-1-11 "色彩平衡"设置界面

【步骤3】返回编辑模式，选择"添加"栏中的"文本"选项，在文本字段中输入要添加的文本"百合花开"并设置字体、字号、颜色、大小等参数，如图 4-1-12 所示。

图 4-1-12 "文本"设置窗口

【步骤4】返回编辑模式，选择"添加"栏中的"边框"选项，在"边框"栏中进行边框大小、纹理、边缘、边缘效果等的设置，如图 4-1-13 所示。

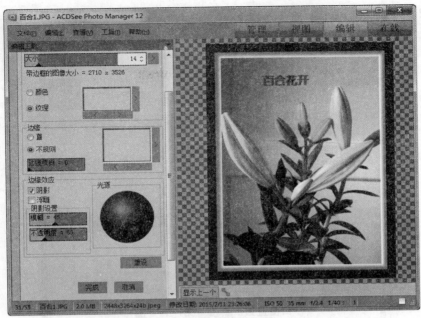

图 4-1-13　"边框"设置窗口

【步骤 5】图片的颜色、为图片添加的文本和边框设置完成后，单击"完成"按钮，保存更改后的图片文件。

三、管理图片

管理图片也是 ACDSee 的重要功能之一，主要包括移动、复制、删除、重命名、转换图片格式操作等。下面将 JPG 图片格式转换为 TIFF 图片格式。

【步骤 1】在文件列表中选择需要进行格式转换的图片，可以同时选择多张。执行"批处理"→"转换文件格式"命令，如图 4-1-14 所示。

图 4-1-14　转换图片格式

【步骤2】打开"批量转换文件格式"对话框，在"格式"选项卡的列表框中选择转换后的文件格式，这里选择"TIFF"选项，如图4-1-15所示，单击"下一步"按钮。

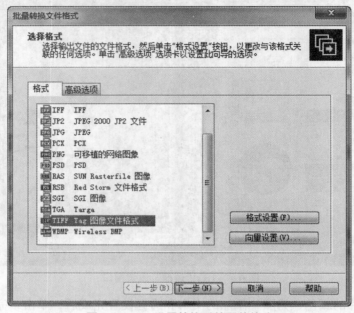

图4-1-15　设置转换后的图片格式

【步骤3】在"设置输出选项"对话框的"目标"选项区域中选择转换后的图像文件保存的目标文件夹，如图4-1-16所示，单击"下一步"按钮，打开如图4-1-17所示的对话框，保持默认设置，单击"开始转换"按钮，在打开的"转换文件"对话框中显示了所选图片文件的转换进度，完成转换后单击"完成"按钮即可。

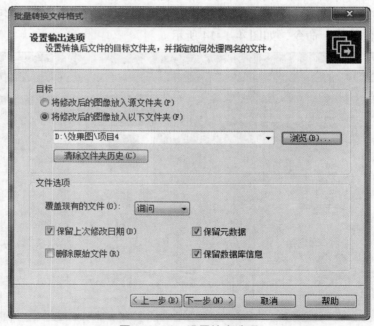

图4-1-16　设置输出选项

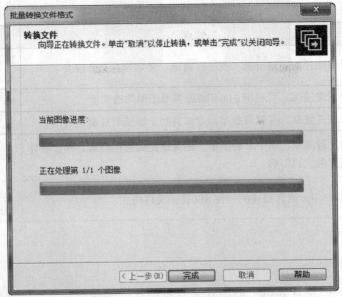

图 4-1-17 转换文件格式

相关知识

1. 图形和图像

图形、图像一般指计算机中存储的静态图形或图像。图形、图像可以形象、生动、直观地呈现大量的信息。

（1）图形。图形是指由外部轮廓线条构成的矢量图，即由计算机绘制的直线、圆、矩形、曲线、图表等，其文件占用空间小，适用于图形设计、文字设计、标志设计、版式设计等。矢量图形最大的优点是无论进行放大、缩小或旋转等操作都不会失真。最大的缺点是难以表现色彩层次丰富的逼真效果。常用的矢量图编辑软件有 CorelDraw、Illustrator、AutoCAD 等。

（2）图像。图像是由扫描仪、数码相机等输入设备捕捉实际的画面产生的数字图像，是由像素点阵构成的位图。位图就是以无数的色彩点组成的图案，无限放大时会看到一块一块的像素色块，效果会失真。常用的位图编辑软件有 Photoshop 等。

2. 图像文件格式

常见的图像文件格式有 8 种，其特点如表 4-1 所示。

表 4-1 常见的图像文件格式

图像文件格式	特点	应用范围
BMP	Windows 操作系统的标准位图格式，未经压缩，文件较大	很多软件中被广泛应用
JPEG	采用一种特殊的有损压缩算法，将不易被人肉眼察觉到的图像颜色删除，文件尺寸较小，下载速度较快	广泛应用在互联网上
GIF	不仅可以是一张静止的图片，也可以是动画，并且支持透明背景图像	网面上的小动画

图像文件格式	特点	应用范围
PSD	可存储图片的完整信息，图层、通道、文字等，文件较大	Photoshop 的专用图像格式
PNG	支持图像透明，可利用 Alpha 通道调节图像的透明度	Fireworks 的源文件
TIFF	图像格式复杂，存储信息多，非常有利于原稿的复制	主要用于印刷
TGA	结构比较简单，属于一种图形、图像数据的通用格式，在多媒体领域有很大的影响	常应用于影视编辑中
EPS	用 PostScript 语言描述的一种 ASCII 码文件格式	主要用于排版、印刷等输出工作

做一做

1. 使用 ACDSee 浏览计算机上的图片，查看图片的缩略图模式；并编辑一张图片，要求对图片进行 45° 旋转并保存。

2. 使用 ACDSee 把文件扩展名为 .bmp 的图片转换为文件扩展名为 .jpg 的图片。

3. 图像的来源有哪些渠道？

任务2　屏幕截图工具——Snagit

计算机屏幕是数字媒体信息的展示窗口，无论是网络上的静态或动态图像、Flash 动画流媒体视频，还是 DVD 音频或视频，都可以通过计算机屏幕来展示。如何获取计算机屏幕上的图像信息呢？除了用 Windows 系统自带的"屏幕截图"功能外，用户还可以借助专业的屏幕截图软件，实现将屏幕上的信息转换为图像或动画文件。

Snagit 是一款屏幕、文本和视频捕获、编辑与转换软件，可以捕捉、编辑、共享计算机屏幕上的一切对象。图像可保存为 BMP、PCX、TIF、GIF、PNG 或 JPEG 格式，使用 JPEG 格式可以指定所需的压缩级（从 1%~99%）。

任务分析

本任务将利用 Snagit 工具软件截取屏幕图像、捕获视频，以及对截取后的图像进行编辑、对捕获的视频进行输出等。为用户可以节省时间、带来很多工作上的帮助。

任务实施

一、捕获图像

Snagit 是一款非常优秀的屏幕捕获工具。

【步骤 1】启动已经汉化的 Snagit 程序，这里使用的版本是 TechSmith Snagit 2018，打开其操作界面，如图 4-2-1 所示。

图 4-2-1　Snagit 主界面

【步骤 2】单击左侧的"图像"按钮，"选择"选项卡可选择的项目有菜单、区域、窗口、全屏、滚动窗口、全景、文本等选项，如图 4-2-2 所示，这里选择"区域"选项；"效果"选项卡中选择"边框"选项，然后单击"捕获"按钮进行区域的捕捉。

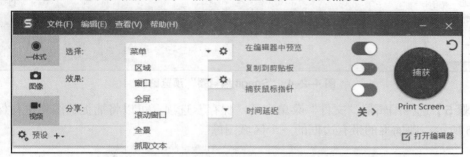

图 4-2-2　"选择"选项卡

【步骤 3】此时出现一个黄色虚线边框和一个十字形的黄色线条，其中黄色虚线边框用来捕捉窗口，十字形黄色线条则用来选择区域。这时将黄色虚线边框移至"此电脑"中，如图 4-2-3 所示。

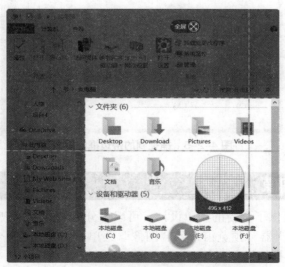

图 4-2-3　捕捉"此电脑"文件列表区

【步骤4】确认捕捉图像后并单击，将自动打开"Snagit 编辑器"预览窗口，并在"绘图"选项卡中显示已捕捉到的图像，如图 4-2-4 所示。

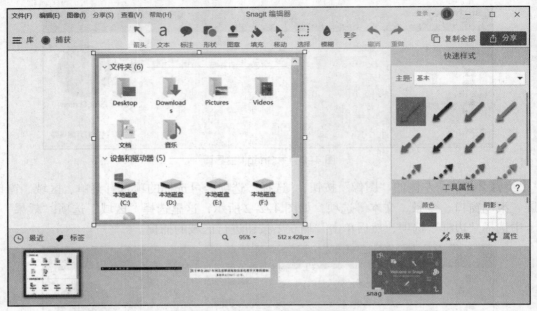

图 4-2-4　"Snagit 编辑器"预览窗口

【步骤5】选择编辑器"文件"菜单中的"保存"选项，可以将捕捉的图像进行保存，如图 4-2-5 所示，即捕捉的带有边框的一个区域图像。

图 4-2-5　捕捉到的带边框的图像

二、编辑捕获的图像

"Snagit 编辑器"提供了全新的菜单设计，可以十分方便地帮用户编辑、预览和共享捕获的信息。在"Snagit 编辑器"预览窗口的"图像"菜单中，提供了一些常用的编辑选项，如效果、排列、修剪、调整图像、调整画布、旋转、画布颜色等。

下面编辑捕获的屏幕图片，调整图片大小并设置画布颜色，其操作步骤如下。

【步骤 1】捕捉图片后打开"Snagit 编辑器"，选择"图像"→"调整图像"选项，在弹出的对话框中输入"宽度"和"高度"数值，如图 4-2-6 所示，单击"应用"按钮。

【步骤 2】捕捉图片后打开"Snagit 编辑器"，选择"图像"→"画布颜色"选项，在弹出的"画布颜色"对话框中选择自己喜欢的颜色，如图 4-2-7 所示，单击"确定"按钮即可。

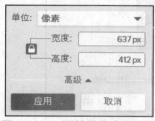

图 4-2-6　调整图像大小界面

图 4-2-7　设置画布颜色界面

三、捕获视频

利用 Snagit 进行视频捕获，并将捕获的视频进行保存。

【步骤 1】启动 Snagit 后单击左侧的"视频"按钮。

【步骤 2】首先需要播放视频画面，并将播放窗口切换为活动窗口，单击捕获操作界面中的"视频"按钮，鼠标指针变成十字线条，拖动鼠标在视频窗口上选择捕获区域，如图 4-2-8 所示。单击捕获区域下方红色的"开始录制"按钮，在 3 秒倒计时后，开始视频捕获过程。

图 4-2-8　视频捕获区域设置

【步骤 3】捕获视频片段完成后，单击"完成录制"按钮，视频自动切换到 Snagit 编辑器，如图 4-2-9 所示。

图 4-2-9 视频捕获完成

【步骤4】选择"文件"→"保存"选项，将视频保存为 MP4 格式，完成视频捕获。

【小提示】

活动窗口即当前的工作窗口，又称当前窗口。在有多个打开的窗口时，只有一个是活动窗口，即位于最上层，不被其他窗口遮掩的那个窗口。

相关知识

Snagit 是一款优秀的截图软件，和其他截取屏幕软件相比，它有以下特点。

（1）捕捉种类多。不仅可捕捉静止图像，也可获取动态图像和声音，还可在选中的范围内只获取文本。

（2）捕捉范围灵活。可以选择整个屏幕、某个静止或活动窗口，也可随意选择捕获内容。

（3）输出类型多。可以以文件形式输出，也可以把捕获到的内容分享到网络，还可编辑成册。

（4）图形处理功能。利用过滤功能可将图形的颜色进行简单处理，也可将图形放大或缩小。

【小提示】

各种截屏的方法如下。

方法一：计算机自带截图按键 PrtScn，只能用于全屏截图，按下键后，截图保存在剪贴板中，利用画板或聊天窗口粘贴截图，然后另存为图片。

方法二：浏览器截图插件，以搜狗浏览器为例（截图快捷方式默认为 Ctrl+Shift+X）。支持截图插件的还有 360 浏览器、火狐浏览器、谷歌浏览器等。

方法三：聊天工具截图插件，以 QQ 为例，运行后，使用快捷键 Ctrl+Alt+A 快速截图。

方法四：Office 2010 系列软件中，可以利用"插入"菜单下的"屏幕截图"来进行。

除了以上常用方法外，其他的截屏软件更是多种多样。

拓展知识

在工作、生活中经常需要截屏，且随着应用越来越多，截屏不仅限于页面的截取和视频的捕获，还包括游戏的捕获，如 HyperSnap 软件。

使用 Snagit 可以对视频的各帧图像进行捕获，然后保存为 MP4 格式文件。

拓展任务

1. 用 HyperSnap 软件捕获游戏画面。
2. 使用 Snagit 捕获一段用 Windows Media Player 播放的视频。

HyperSnap
获取游戏
截图

做一做

1. 打开视频"倒霉熊"，任意捕获一张图像。
2. 对捕获的图像进行如下编辑操作：添加文本"倒霉熊"；添加紫色边框；添加阴影效果；添加波浪边缘。

任务3　数码照片处理——光影魔术手

光影魔术手是一款专门对数码照片画质进行改善及效果处理的工具软件，功能强大，操作简单、易用，不需要任何专业的图像处理技术，就可以制作出专业胶片摄影的色彩效果。通过它能够满足大多数照片的后期处理。

任务分析

本任务的目标是掌握图片调整、调整曝光度、添加艺术化效果、添加文字标签和图片水印、设置边框、拼图、批量处理图片等操作方法。通过本任务的学习，掌握使用光影魔术手的基本操作。

任务实施

一、调整图像

与其他图形处理软件一样，光影魔术手也有其基本的图形调整功能，如自由旋转、缩放、裁剪、模糊与锐化、反色等，下面对图片进行调整处理。

【步骤1】启动光影魔术手程序，进入其操作界面。

【步骤2】打开要操作的图片文件，这里打开"D:\ 素材 \ 项目 4\IMG_0537.jpg"文件，如图 4-3-1 所示。此时，光影魔术手主界面中将显示该图片，分别单击"上一张""下一张"按钮，可浏览此文件夹中的所有图片，如图 4-3-2 所示。

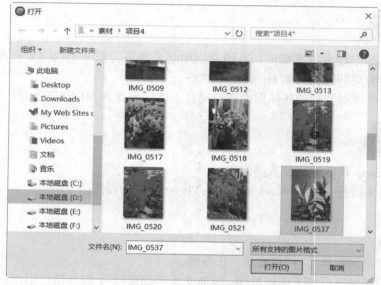

图 4-3-1　打开素材图片

图 4-3-2　显示图片

【步骤 3】如果要调整图像的大小，单击工具栏中的"尺寸"下拉按钮，在打开的下拉列表中选择需要的选项，设置图片尺寸，如图 4-3-3 所示。

当完成对某张图片的基本处理后，需要单击工具栏中的"保存"按钮，将当前效果保存到原文件中后，才能继续对下一张图片进行操作。

图 4-3-3　设置图片尺寸

【步骤 4】如果要裁剪该图片，可单击工具栏中的"裁剪"按钮，打开"裁剪"面板，此时图像中将出现裁剪控制框，可通过拖动鼠标或设置"裁剪"面板中的参数来调整，如图 4-3-4 所示，确认裁剪效果后保存。

图 4-3-4　裁剪图片

【步骤 5】如果需要旋转图片，可单击"旋转"下拉按钮，在打开的下拉列表中选择所需的旋转方式，如图 4-3-5 所示，保存旋转效果。

图 4-3-5　旋转图片

二、调整曝光度

使用数码相机拍照时，常常会因为天气、光线、技术等原因使拍摄的照片存在曝光不足或曝光过度等问题，通过调整曝光度可以解决这一问题。

【步骤 1】打开图片文件，在右侧的面板中单击"数码补光"展开按钮，展开"数码补光"面板，通过调整"补光亮度""范围选择""强力追补"滑块来调整光度，如图 4-3-6 所示。

图 4-3-6　补光设置

【步骤2】参数调整后即可发现图像变亮，查看调整后的效果如图4-3-7所示。

图4-3-7 补光后效果

【步骤3】单击工具栏中的"保存"按钮，出现"保存提示"对话框，单击"确定"按钮即可覆盖之前保存过的文件。

三、添加艺术化效果

在光影魔术手中还可以快速为照片添加艺术效果，下面将对百合花图片添加"LOMO风格"效果，具体操作步骤如下。

【步骤1】单击工具栏右侧的"数码暗房"按钮，打开"数码暗房"面板，在"全部"选项卡中选择"LOMO风格"选项，如图4-3-8所示。

图4-3-8 "数码暗房"面板

【**步骤2**】单击"确定"按钮，即可应用设置，在图片显示区显示调整后的效果，如图4-3-9所示。

图 4-3-9 设置"LOMO 风格"后的艺术效果

四、添加文字标签和图片水印

当将摄影作品发布到网上时，可为作品添加文字标签或图片水印，以使作品更具特色并起到版权保护作用。下面为百合花图片加上文字标签和图片水印，具体操作步骤如下。

光影魔术手
添加水印

【**步骤1**】在工具栏右侧单击"文字"按钮，则打开"文字"面板，在上方的文本框中输入"含苞待放"，如图4-3-10所示。

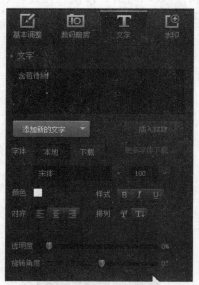

图 4-3-10 输入文本

【步骤2】单击"插入 EXIF"按钮，在打开的列表框中可选择相机的厂商、相机型号、拍摄时间等特殊文本，这里选择"文件名"→"原名"选项。

【步骤3】设置文本的字体、字形、字号、颜色和效果等。

【步骤4】设置完成，将鼠标指针移动到图片显示区中的文本框上方，单击该文本框，当鼠标指针改变形状时，按下鼠标左键向上拖动，将文本框移至图片上方适当位置后松开鼠标，效果如图 4-3-11 所示。

图 4-3-11　添加文本标签

【步骤5】单击"水印"按钮，打开"水印"面板，单击"添加水印"按钮，在打开的"打开"对话框中选择作为水印的图像，单击"打开"按钮，如图 4-3-12 所示。

图 4-3-12　添加水印

【步骤6】在"水印"面板中设置相关参数,使用鼠标单击其他图片区域即可调整水印位置,单击其他地方即可应用水印效果,如图4-3-13所示。

图4-3-13 应用水印后的效果

【小提示】

水印是对图片内容和版权等信息的标注,可以由图片、文本等组成,叠加在现有图片之上。水印通常包含当前日期、时间及文件名等。可以将水印添加到图像的任何位置,也可以附加到图像的顶端作为页眉或是放到底端作为页脚或作为图像的标题。

五、设置边框

在光影魔术手中还可以为照片添加各种各样的边框,包括轻松边框、花样边框、撕边边框等样式。下面为图片添加撕边边框,其具体的操作步骤如下。

【步骤1】在工具栏中鼠标指向"边框"按钮,在打开的下拉列表中选择"撕边边框"选项,如图4-3-14所示。

图4-3-14 选择边框

【步骤 2】打开"撕边边框"界面，右侧的"推荐素材"选项卡中选择如图 4-3-15 所示的选项，其他保持默认设置，单击"确定"按钮则应用了选定的边框样式。

图 4-3-15　应用边框后的效果

六、拼图

在光影魔术手中还可以快速地将多张图片拼合成一张图片，其具体操作步骤如下。

【步骤 1】在工具栏中鼠标指向"拼图"按钮，在打开的下拉列表中选择"模板拼图"选项，自动跳至"模板拼图"界面，在其右侧选择一种模板样式，单击"添加多张图片"按钮，则打开"打开"对话框，选择拼图的图片，单击"打开"按钮，确认添加图片素材。

【步骤 2】返回到"模板拼图"界面，双击或拖曳图片到画布中对应的格子，完成后"确定"按钮。

【步骤 3】返回到光影魔术手操作界面，单击工具栏上的"保存"按钮，保存效果文件，如图 4-3-16 所示。

图 4-3-16　应用拼图后的效果

光影魔术手有如下特色功能。

（1）强大的调色参数。拥有自动曝光、数码补光、白平衡、亮度 / 对比度、饱和度、色阶、曲线、色彩平衡等一系列非常丰富的调色功能。

（2）数码暗房特效。拥有丰富的数码暗房特效，如 LOMO 风格、局部上色、背景虚化、黑白效果、褪色旧相等，通过反转片效果，可得到专业的胶片效果。

（3）海量边框素材。除软件自带的边框外，还可在线下载边框为照片加上各种精美的边框，从而制作个性化的相册。

（4）随心所欲的拼图。拥有自由拼图、模板拼图、图片拼接三大拼图功能，提供多种拼图模板和照片边框。

（5）文字和水印功能。便捷的文字和水印功能能够制作出发光、描边、阴影、背景等各种效果。

光影魔术手还提供了批处理功能，以提高工作效率。

使用光影魔术手的批处理功能为给出的素材添加边框。

1. 使用光影魔术手工具软件处理计算机中保存的图片，主要包括调节照片曝光度、为照片添加文本和边框等艺术效果。

2. 用手中的相机拍摄一组人物照片，试着用学过的光影魔术手软件进行后期处理，包括调整图片的尺寸、曝光度、添加艺术化效果、添加文字标签和水印、设置边框、九宫格拼图等。

任务4　美图工具——美图秀秀

美图秀秀是一款比光影魔术手简单很多的新一代非主流免费图片处理软件，具有图片特效、美容、拼图、场景、边框、饰品等多种图像处理功能，加上每天更新的精选素材，可以将拍摄的数码照片快速加工成用户希望的效果，轻松地做出影楼级照片，并且美图秀秀还具有分享功能，能够将照片一键分享到新浪微博、QQ 空间中，以方便查看。

本任务是利用美图秀秀进行图片美化、人像美容、照片装饰、制作 DIY 动态图等操作，通过本任务的学习，掌握美图秀秀的基本功能，从而学以致用。

任务实施

一、图片美化

　　图片美化是美图秀秀的基本功能，通过该功能可对图像进行基本调整，如旋转、裁剪等，也可调整图片色彩和设置特效等。下面对图片进行美化设置，其具体操作步骤如下。

　　【步骤1】启动美图秀秀工具软件，如图4-4-1所示。

图4-4-1　美图秀秀操作界面

　　【步骤2】在操作界面中单击"美化图片"按钮，或选择"美化"选项卡，打开"美化"窗口，在其中单击"打开"按钮，在打开的"打开"对话框中选择"D:\素材\项目4\人物\人物1.jpg"文件，单击"打开"按钮，如图4-4-2所示。

图4-4-2　打开素材图片

【步骤3】打开图片后，在右侧的"特效"面板的"热门"选项卡中选择"复古"选项，如图4-4-3所示。

【步骤4】在左侧选择"基础"选项卡，然后拖动滑块调整"亮度""对比度""色彩饱和度"和"清晰度"等参数，如图4-4-4所示。

图4-4-3 设置"复古"特效

图4-4-4 调整亮度、清晰度等

【步骤5】在左侧选择"调色"选项卡，拖动滑块调整"色相""青–红""紫–绿""黄–蓝"等参数值，如图4-4-5所示。

图4-4-5 调整色调

【步骤 6】美化完成后，在图片显示窗口中单击"对比"按钮，将同时显示美化前和美化后的图片效果，用户可根据对比图确定是否满意，如图 4-4-6 所示。

图 4-4-6　查看对比图

【步骤 7】确定对美化效果满意后，单击工具栏上的"保存与分享"按钮，打开"保存与分享"对话框，确定图片的保存位置，单击"保存"按钮，完成图片的美化操作。

二、人像美容

美图秀秀的人像美容功能非常实用，通过简单操作便可对人像进行瘦身和调整人物脸部肤色，使照片上的人物更加自然、漂亮。下面将对人物图像进行瘦脸处理，其具体操作步骤如下。

【步骤 1】打开图片"D:\ 素材 \ 项目 4\ 人物 \ 人物 2.jpg"文件，选择"美容"选项卡，左侧面板将显示人像美容项目，如美形、美肤等，如图 4-4-7 所示。

美图秀秀
祛痘

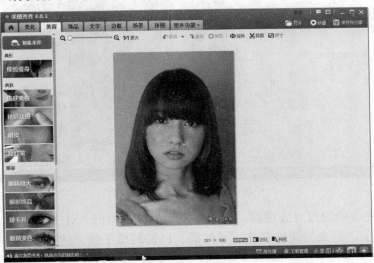

图 4-4-7　美容界面

【步骤2】在"美容"选项卡左侧选择"智能美容"选项，在左侧的列表中选择"红润"选项，并在弹出的调节框中拖动滑块来调整红润比例值，如图4-4-8所示；选择"白皙"选项，在弹出的调节框中拖动滑块来调整白皙比例值，单击"应用"按钮，如图4-4-9所示。

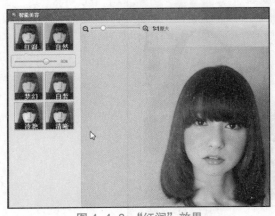

图4-4-8 "红润"效果

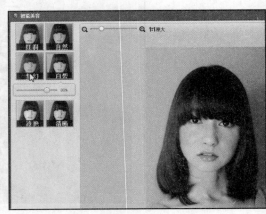

图4-4-9 "白皙"效果

【步骤3】在"美容"选项卡左侧选择"瘦脸瘦身"选项，打开"瘦脸瘦身"对话框，在"局部瘦身"选项卡中拖动比例滑块，放大显示图片，在右下角的缩略图中拖动选框，将显示出脸部的图形，展开"高级选项"，将瘦身力度设置为"12%"，然后将鼠标指针移动到图像的脸部，向内侧拖动鼠标，对脸部进行拉瘦处理，如图4-4-10所示。

图4-4-10 瘦脸瘦身处理

【步骤4】完成瘦脸瘦身处理后，在图片显示窗口中单击"对比"按钮，查看对比效果，如图4-4-11所示，原来的圆脸调整成了红润、白皙的瓜子脸，然后单击"应用"按钮应用设置，最后保存图片。

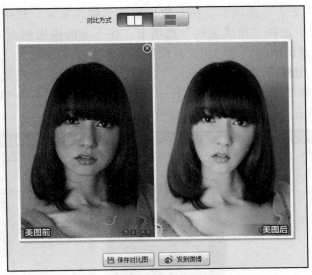

图 4-4-11　查看对比效果

三、照片装饰

　　为了让拍摄出来的照片绚丽多彩，可使用美图秀秀的添加照片装饰功能，如添加饰品、文字和边框等。下面为人物照片添加照片装饰，其具体操作步骤如下。

　　【步骤 1】打开图片"D:\ 素材 \ 项目 4\ 人物 \ 人物 3.jpg"文件，选择"饰品"选项卡，在左侧选择"炫彩水印"选项，在右侧素材面板中选择"在线素材"选项卡，在下方的饰品列表中选择如图 4-4-12 所示的选项，然后拖动到图片的合适位置，并在"素材编辑框"中设置"透明度""旋转角度"和"素材大小"等参数。

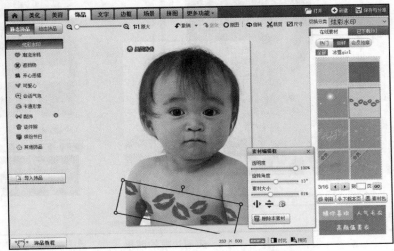

图 4-4-12　添加饰品并调整饰品参数

【步骤2】选择"文字"选项卡,在左侧面板的"输入文字"栏中选择"文字模板"选项,在右侧素材面板中选择"在线素材"选项卡,在下方的模板列表中选择如图4-4-13所示的选项,再将其拖动到图片的合适位置并设置其参数。

【步骤3】选择"边框"选项卡,进入"边框"操作界面,在左侧面板中选择"简单边框"选项,然后在右侧的边框列表中选择第一个边框样式,如图4-4-14所示。

【步骤4】最后单击"确定"按钮,保存所做的设置。

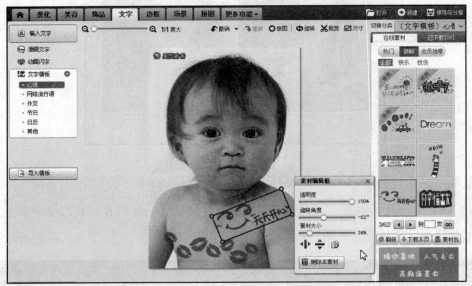

图 4-4-13　添加文字并调整文字参数

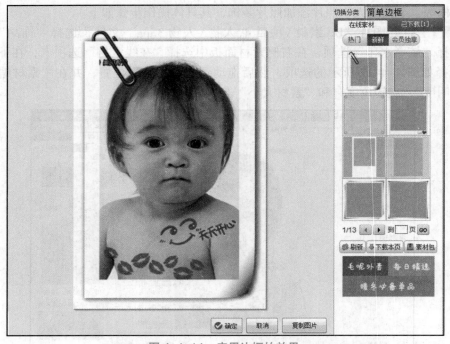

图 4-4-14　应用边框的效果

四、场景设置

在美图秀秀中可以为图片设置一个场景，使图片更加生动。下面为图片设置场景，其具体操作步骤如下。

【步骤1】打开图片"D:\ 素材 \ 项目 4\ 人物 \ 人物 4.jpg"文件，选择"场景"选项卡，在左侧场景面板中选择"逼真场景"选项，在右侧的场景列表中选择第二个场景选项，打开场景对话框，在"场景调整"面板中移动白色图像选框，以调整图像在场景中的显示位置，如图 4-4-15 所示，单击"确定"按钮，完成场景的添加，最后保存图片。

图 4-4-15　应用场景的效果

相关知识

1. 美图秀秀的主要功能

美图秀秀的主要功能包括美化、美容、饰品、文字、边框、场景、拼图、九格切图、摇头娃娃和闪图，如表 4-2 所示。

表 4-2　美图秀秀的主要功能及说明

功能	说　明	功能	说　明
美化	对图片进行基础色调处理	场景	海量以假乱真、可爱场景
美容	对照片进行脸部美容处理	拼图	将多张照片进行自由组合
饰品	添加各种饰品	九格切图	把一张照片切割成 9 张，通过不规则的组合组成大图
文字	添加文字、漫画气泡、文字模板	摇头娃娃	制作有趣的摇头娃娃
边框	为图片添加各种边框	闪图	超炫的动感闪图

2. 特色功能

　　美图秀秀是目前比较流行的图片软件之一，可以轻松地美化数码照片，其界面直观，操作简单，功能强大全面，且易学易用，每个人都能轻松上手。

　　（1）人像美容。独有的磨皮祛痘、瘦脸、瘦身、美白、眼睛放大等强大的美容功能，让用户轻松拥有天使般的面容。

　　（2）图片特效。拥有时下最热门、最流行的图片特效，不同特效的叠加令图片个性十足。

　　（3）拼图功能。自由拼图、模板拼图、图片拼接3种经典拼图模式，多张图片一次晒出来。

　　（4）动感DIY。轻松几步制作出个性GIF动态图片、搞怪QQ表情，各种精彩瞬间动起来。

　　（5）分享渠道。一键将美图分享至腾讯QQ、新浪微博。

拓展知识

　　美图秀秀还具有拼图功能，有自由拼图、模板拼图、海报拼图、图片拼接等四种形式。同时还具有批量处理功能，可以批量旋转、修改尺寸；批量调色、特效、边框，一次美化多张图片；批量加水印、文字，可以保护图片版权。

　　拼图和批量处理功能和光影魔术手的操作类似。

拓展任务

　　1. 使用美图秀秀批量处理多张素材图片，包括调整曝光度、添加水印、文字、边框。

　　2. 使用美图秀秀进行拼图。

　　3. 人物照片往往不能尽如人意，会有一些瑕疵，有的人脸上的青春痘特别明显，可以用美图秀秀软件进行祛痘美化。

做一做

　　1. 利用手中的相机为同学拍照，并使用美图秀秀工具软件进行美化，包括添加特效、皮肤美白、祛痘等操作。

　　2. 制作DIY动图。利用美图秀秀可自定义动图效果。

　　3. 分享美图。通过美图秀秀美化人物照片后，将其分享到QQ空间等网络平台中。

项目 5

娱乐视听及处理工具

- ■ 多媒体播放——Windows Media Player
- ■ 音频播放——百度音乐
- ■ 音频处理——Adobe Audition
- ■ 视频播放——暴风影音
- ■ 网络视频——爱奇艺
- ■ 视频处理——会声会影
- ■ 电子相册——魅客
- ■ 屏幕录制——录屏王

计算机强大的多媒体功能使人们的生活变得更加丰富多彩。在工作之余，用计算机欣赏音乐或观看影视作品的确是一件十分惬意的事情。喜欢制作、合成、剪辑视频的用户可以对音频和视频进行编辑和剪辑。本项目将介绍与媒体播放和编辑相关的一些软件使用方法。

能力目标 ⇨
1. 会使用 Windows Media Player 播放器，播放本地视频、音频和图片。
2. 会使用百度音乐播放网络音频、视频。
3. 熟练使用 Audition 编辑音频。
4. 会使用暴风影音观看本地视频和网络视频。
5. 会使用爱奇艺看网络视频。
6. 熟练使用会声会影编辑、剪辑视频。
7. 会用魅客工具制作电子相册。
8. 会使用录屏王录制屏幕。

任务1 多媒体播放——Windows Media Player

媒体播放器又称媒体播放机，通常是指计算机中用来播放多媒体的播放软件。媒体播放器有音乐播放器、视频播放器和图片播放器。

Windows Media Player 是一款 Windows 系统自带的播放器，属于 Microsoft Windows 的一个组件，通常简称为"WMP"，支持通过插件增强功能。

任务分析

Windows Media Player 可以播放 MP3、WMA、WAV 等格式的音频文件，也可以播放 AVI、WMV、MPEG-1、MPEG-2、DVD 等格式的视频文件，还可以查看图片。

使用 Windows Media Player 播放歌曲"龙的传人 – 李建复 .mp3"，播放视频"心的节奏 .mp4"，查看图片"春 .jpg"。

任务实施

一、播放音频——"龙的传人–李建复.mp3"

【步骤 1】选择"开始"→"所有程序"→"Windows Media Player"选项，弹出 Windows Media Player 播放器界面，如图 5-1-1 所示。

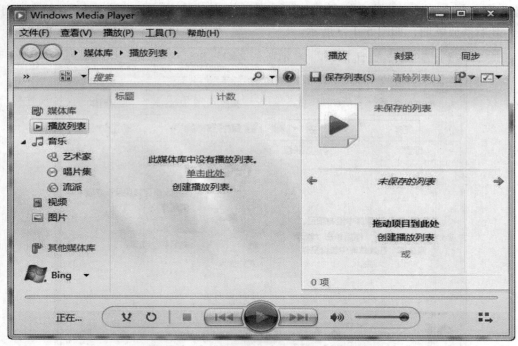

图 5-1-1　"Windows Media Player"界面

【步骤 2】选择"文件"→"打开"选项,弹出"打开"对话框,如图 5-1-2 所示。

图 5-1-2　"打开"对话框

【步骤3】选择要打开的文件"D:\素材\项目5\龙的传人 – 李建复 .mp3",单击"打开"按钮,开始播放歌曲,如图 5-1-3 所示。

图 5-1-3　音频播放窗口

【步骤4】单击右下角的"切换到正在播放"按钮,切换到"正在播放"状态,如图 5-1-4 所示。

图 5-1-4　音频正在播放窗口

【步骤5】播放完毕,单击右上角"切换到媒体库"按钮,返回到 Windows Media Player 主界面。

二、播放视频——"心的节奏.mp4"

【步骤1】选择"文件"→"打开"选项,弹出"打开"对话框,选择要播放的视频文件 D:\素材\项目5\心的节奏 .mp4,单击"打开"按钮开始播放,如图 5-1-5 所示。

图 5-1-5　视频播放窗口

【步骤 2】单击右下角的"切换到正在播放"按钮，切换到"正在播放"状态，如图 5-1-6 所示。

图 5-1-6　视频正在播放窗口

【步骤 3】播放完毕，单击右上角"切换到媒体库"按钮，返回到 Windows Media Player 主界面。

三、查看图片

选择"文件"→"打开"选项，弹出"打开"对话框，选择要查看的图片"D:\ 素材 \ 项目 5\ 春 .jpg"，单击"打开"按钮，如图 5-1-7 所示。

图 5-1-7　图片显示窗口

四、将音频文件夹添加到播放机媒体库

Windows
Media Player
音频文件夹
导入媒体库

【步骤 1】启动 Windows Media Player 程序，选择"组织"→"管理媒体库"→"音乐"选项，如图 5-1-8 所示。

【步骤 2】弹出"音乐库位置"对话框，如图 5-1-9 所示。单击"添加"按钮，打开所需添加的文件夹，单击"确定"按钮。

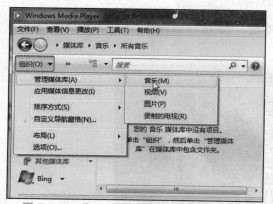

图 5-1-8　"Windows Media Player"窗口

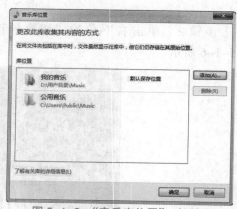

图 5-1-9　"音乐库位置"对话框

【步骤 3】文件夹中的文件导入媒体库，如图 5-1-10 所示。

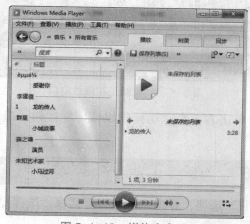

图 5-1-10　媒体库窗口

五、创建播放列表

【步骤 1】启动 Windows Media Player 程序，切换至"播放"选项卡，单击如图 5-1-11 所示的位置，输入列表名称"歌曲"。

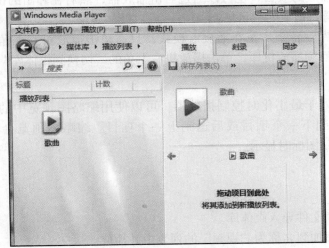

图 5-1-11 "播放"选项卡

【步骤 2】将媒体库中的音频文件拖动至列表"歌曲"，如图 5-1-12 所示。

图 5-1-12 "播放列表"窗口

相关知识

1. Windows Media Player 播放模式

Windows Media Player 播放模式分为两种："媒体库"模式和"正在播放"模式。"媒体库"模式可以全面控制播放器的大多数功能；"正在播放"模式提供最适合播放的简化媒体视图。

（1）在媒体库中可以访问并整理数字媒体。在导航窗格中可以选择要在细节窗格中查看的类别（如音乐、图片或视频）。

当在媒体库中的各种视图之间进行转换时，可以使用播放器左上角的"后退"和"前进"按钮，以返回到之前的视图。

（2）在"正在播放"模式中可以观看 DVD 和视频，或查看当前正在播放的音乐。可以决定仅查看当前正在播放的项目，也可以通过右击播放器，然后在弹出的快捷菜单中选择"显示列表"选项来查看可播放的项目集。

若要从"媒体库"转至"正在播放"模式，只需单击播放机右下角的"切换到正在播放"按钮。若要返回到播放机库，单击播放机右上角的"切换到媒体库"按钮。

2. 任务栏播放

可以在播放器处于最小化时控制播放器。可以使用缩略图预览中的控件来播放或暂停当前的项目、前进到下一个项目或后退到上一个项目。缩略图预览会在指向任务栏上的 Windows Media Player 图标时显示。

做一做

1. 下载 3 个视频文件导入媒体库。
2. 将视频文件添加到名称为"视频"的列表中并播放。
3. 下载 5 张图片导入媒体库。
4. 将图片添加到名称为"图片"的列表中并播放。
5. 下载 3 个音频文件导入媒体库。
6. 将音频文件添加到名称为"音频"的列表中并播放。

任务2 音频播放——百度音乐

百度音乐是中国第一音乐门户，提供海量正版高品质音乐、最权威的音乐榜单、最快的新歌速递、最契合的主题电台、最人性化的歌曲搜索。

百度音乐 PC 客户端是百度音乐旗下一款支持多种音频格式播放的音乐播放软件，拥有自主研发的全新音频引擎，集播放、音效、转换、歌词等众多功能于一身。其小巧精致、操作简捷、功能强大的特点深得用户喜爱，成为目前国内最受欢迎的音乐播放软件之一。

任务分析

百度音乐不仅可以播放本地歌曲，还可以在线听歌。

任务实施

一、播放本地音乐

【步骤 1】打开百度音乐官方网站 http://music.baidu.com/，下载并安装百度音乐客户端，如图 5-2-1 所示。

图 5-2-1　百度音乐主界面

【步骤 2】单击左侧"我的音乐"下的"本地音乐"按钮，选择"导入歌曲"→"导入本地文件夹"选项，如图 5-2-2 所示。

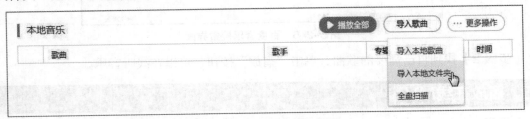

图 5-2-2　"本地音乐"界面

【步骤 3】选择要导入的文件夹，单击"确定"按钮，文件夹中的文件被导入，如图 5-2-3 所示。

图 5-2-3　本地音乐导入

【步骤4】选择要播放的歌曲，单击"播放"按钮，开始播放歌曲，如图5-2-4所示，也可以单击"播放全部"按钮进行播放。

图 5-2-4　本地音乐列表

二、播放在线音乐

【步骤1】打开百度音乐客户端，单击左侧"在线音乐"下的"音乐库"按钮，在正上方的搜索栏中输入歌曲名或歌手名，这里输入"刘德华"，单击"搜索"按钮，如图5-2-5所示。

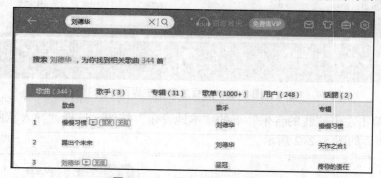

图 5-2-5　百度音乐搜索界面

【步骤2】找到自己需要的歌曲，单击"播放"按钮，可以在线听音乐。

三、播放在线MV

【步骤1】打开百度音乐客户端，单击左侧"在线音乐"下的"音乐视频"按钮，如图5-2-6所示。

图 5-2-6　音乐视频界面

【步骤2】找到自己喜欢的视频，这里选择"中国范儿"，单击"播放"按钮开始播放如图 5-2-7 所示。

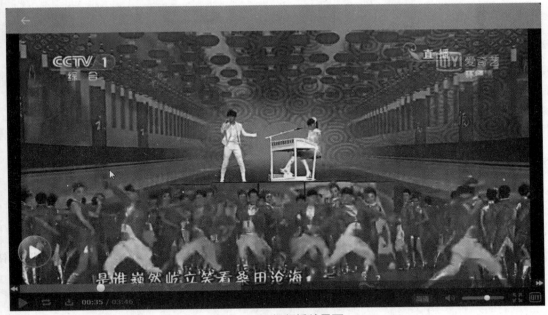

图 5-2-7　视频播放界面

四、试听歌曲《小苹果》并下载

【步骤1】打开百度音乐客户端，在上方搜索栏中输入歌曲"小苹果"，如图 5-2-8 所示，选择歌曲，单击"播放"按钮，试听歌曲。

百度音乐
试听歌曲
并下载

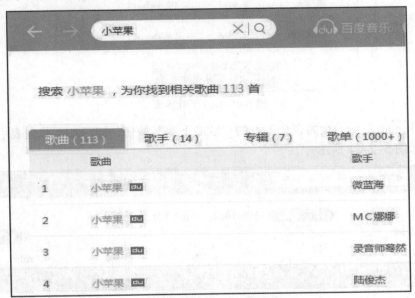

图 5-2-8　搜索界面

【步骤 2】单击左侧"我的音乐"下的"试听列表"按钮，这时列表中出现试听歌曲《小苹果》，右击歌曲"小苹果"，弹出快捷菜单，如图 5-2-9 所示。

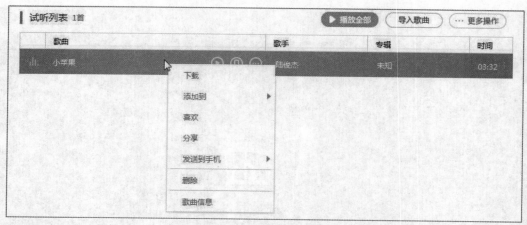

图 5-2-9　试听列表界面

【步骤 3】选择"下载"选项，弹出如图 5-2-10 所示的对话框，单击"立即下载"按钮即可下载文件。

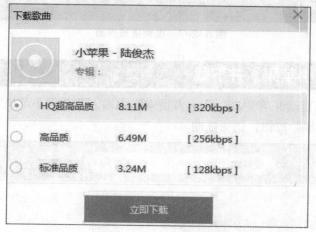

图 5-2-10　下载界面

【步骤 4】单击左侧"我的音乐"下的"歌曲下载"按钮，即可在下载列表中找到刚才下载的文件，如图 5-2-11 所示。

图 5-2-11　歌曲下载界面

五、自建歌单，并导入歌曲

【步骤 1】打开百度音乐客户端，单击"自建歌单"右侧的＋按钮，创建"自建歌单 1"，如图 5-2-12 所示。

图 5-2-12　自建歌单

【步骤 2】选择"自建歌单 1"选项，弹出"自建歌单 1"窗口，选择"导入歌曲"→"导入本地文件夹"选项，如图 5-2-13 所示。

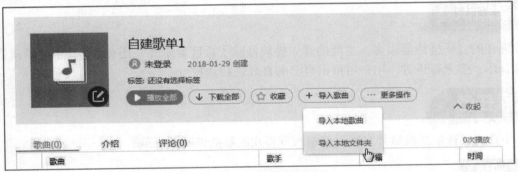

图 5-2-13　"自建歌单 1"窗口

【步骤 3】选择要导入的文件夹，单击"确定"按钮，文件夹中的歌曲导入到"自建歌单1"中，如图 5-2-14 所示。

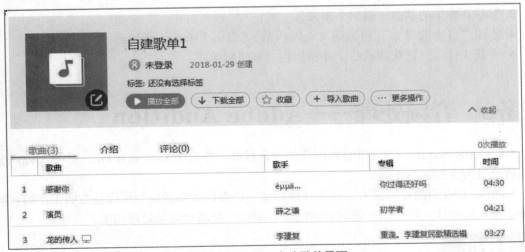

图 5-2-14　导入自建歌单界面

相关知识

1. 音乐搜索服务

在全球 500 家唱片公司提供的超过 300 万首音乐资源的支持下，百度音乐用户搜索天下音乐变得易如反掌。曲库对质量最优音乐资源采取优先呈现，为用户提供最佳音乐搜索结果。

2. 在线听歌服务

（1）百度音乐为用户提供直接、丰富、极具冲击力的在线音乐内容。"我的音乐"播放器不仅满足用户在线听歌需求，云端收藏功能更为用户提供了专属音乐服务。

（2）百度音乐为用户提供强大的音乐媒体内容，其中包括独家首发专辑、全新歌曲、各类权威音乐榜单、热点音乐专题等，实时、权威地为用户提供音乐内容推荐。

（3）百度音乐以音乐人物及作品特点为核心诉求，展开全新的营销推广模式，让音乐人及作品有更多听众喜好，在更广阔的范围获得更高的知名度，提升商业价值。

拓展知识

现在的音乐播放器很多，主流的音乐播放器除了百度音乐外，还有 QQ 音乐、酷狗音乐、酷我音乐、多米音乐等，用户可根据自己的喜好进行选择。

拓展任务

下载 QQ 音乐播放器并安装，搜索两首喜欢的歌曲试听并下载。

做一做

1. 搜索 3 首歌曲，下载至桌面，并添加到本地音乐。
2. 试听王菲的歌曲《无问西东》并下载。
3. 下载刘德华的歌曲《踢出个未来》。
4. 创建"自建歌单 2"，将歌曲《无问西东》《踢出个未来》添加到"自建歌单 2"。
5. 下载 3 首自己喜欢的歌曲，并添加到"自建歌单 3"。

任务3　音频处理——Adobe Audition

Adobe Audition 是一款可以编辑声音的专业软件，原名为 Cool Edit Pro，后被 Adobe 公司收购后改名为 Adobe Audition。

Audition CS6 功能较为强大，专为在照相室、广播设备和后期制作设备方面工作的音频和视频专业人员设计，可提供先进的音频混合、编辑、控制和效果处理功能。

任务分析

Audition CS6 可以为朗诵添加背景音乐、为歌曲添加伴奏、可以制作音乐串烧、可以制作多角色配音效果、可以自己录歌、制作手机铃声等。

任务实施

一、为古诗朗诵添加背景音乐

【步骤 1】启动 Adobe Audition CS6，选择"文件"→"新建"→"多轨混音项目"选项，如图 5-3-1 所示。弹出"新建多轨混音"对话框，设置混音项目的名称、位置、采样率选项，单击"确定"按钮。

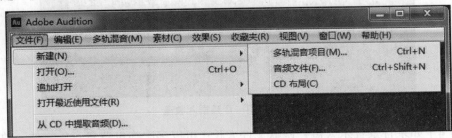

图 5-3-1　新建多轨混音

【步骤 2】选择"文件"→"导入"→"文件"选项，如图 5-3-2 所示。弹出"导入"对话框，选择"D:\ 素材 \ 项目 5\ 论语十二篇 .mp3"文件，单击"打开"按钮。用同样的方法导入"音乐 .mp3"文件。

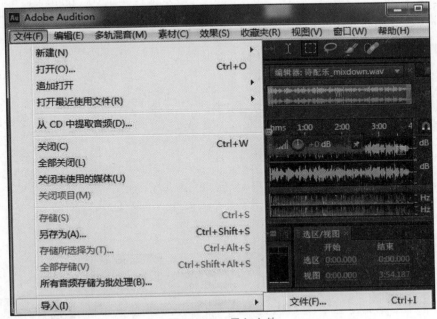

图 5-3-2　导入文件

【步骤 3】选中文件选区的"论语十二篇 .mp3"，拖到中间编辑区的轨道 1，拖动时会出现一个竖直的黄色标志，黄色标志对齐第一轨道的开端，松开鼠标左键，第 1 轨道就出现了"论语十二篇 .mp3"的波形显示。同样，将"音乐 .mp3"文件拖到轨道 2，如图 5-3-3 所示。

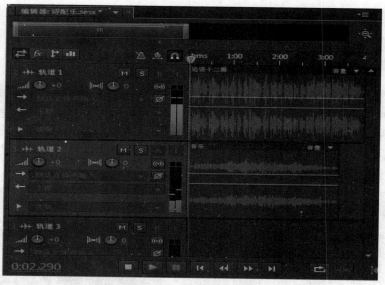

图 5-3-3　音频插入轨道

【步骤 4】如果背景音乐太短，诗歌文件太长；可以多次拖曳背景音乐文件，放在轨道 2 已有文件的后面。如果希望录制好的诗歌文件在背景音乐响起后再出现，可以向后面拖曳轨道 1 的文件，放在认为合适的位置即可。

【步骤 5】声音合成后，可以单击"播放"按钮，试听合成的声音。

【步骤 6】保存合成的声音。选择"文件"→"导出"→"多轨缩混"→"完整混音"选项，如图 5-3-4 所示，弹出"导出多轨缩混"对话框，为声音命名，选择路径和文件格式，然后单击"确定"按钮，声音配乐就完成了。

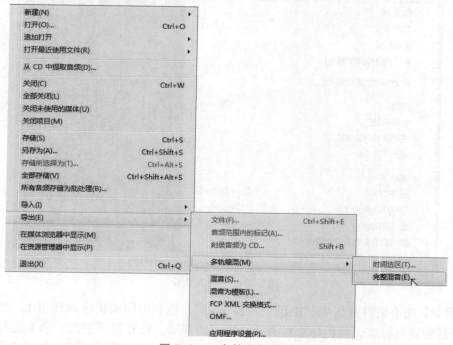

图 5-3-4　多轨混音导出

【小提示】
　　制作配乐朗诵时，轨道 1 中的"论语十二篇 .mp3"和轨道 2 中的"音乐 .mp3"是同时播放的，所以需要在轨道中上下对齐，保证两个音频同时开始并同时结束。

二、制作歌曲伴奏

【步骤 1】导入"D:\ 素材 \ 项目 5\ 感谢你 – 赵传 .mp3"文件，并双击打开，如图 5-3-5 所示。

Adobe
Audition
制作伴奏

图 5-3-5　文件打开窗口

【步骤 2】使用选框工具选中有人声的波形图，如图 5-3-6 所示。

图 5-3-6　选择人声窗口

【步骤 3】选择"效果"→"立体声声像"→"中置声道提取"选项，弹出如图 5-3-7 所示的对话框。

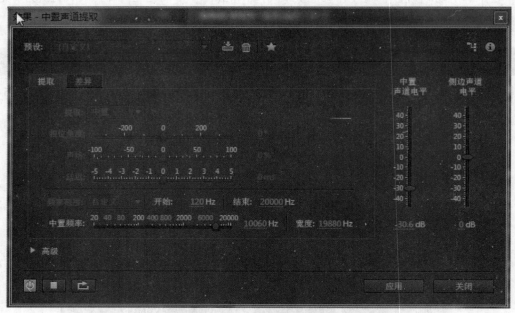

图 5-3-7 "中置声道提取"对话框

【步骤 4】根据试听选择合适的参数。"预设"为"人声移除"，"频率范围"根据实际选择"男声"或"女声"，"中置声道电平"中的滑块可上下调节。单击该对话框中的"播放"按钮收听效果，如果不满意，可重复本步骤中的操作，直到满意为止。

【步骤 5】选择"文件"→"导出"选项，弹出如图 5-3-8 所示的"导出文件"对话框，输入文件名、选择路径，单击"确定"按钮即可。

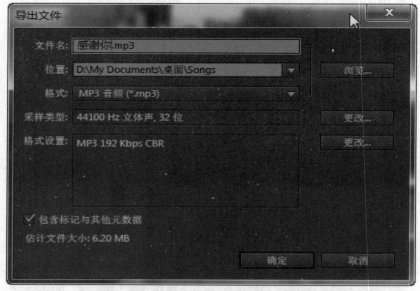

图 5-3-8 "导出文件"对话框

三、给《小马过河》制作多角色配音效果

【步骤 1】启动 Audition CS6，选择"编辑"→"首选项"→"音频硬件"选项，弹出"首选项"对话框，设置"默认输入"为"麦克风"，"采样率"一般为 44100Hz，其他的各项选择默认设置，设置完成后单击"确定"按钮，如图 5-3-9 所示。

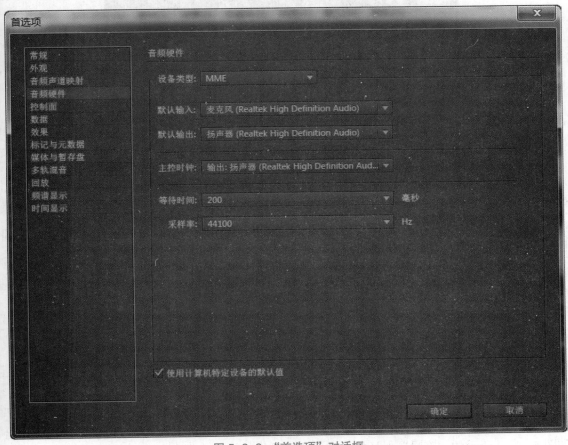

图 5-3-9　"首选项"对话框

【步骤 2】新建音频文件"小马过河"，如图 5-3-10 所示。

图 5-3-10　新建音频文件

【步骤3】单击"录音"按钮，完成录音，如图5-3-11所示。

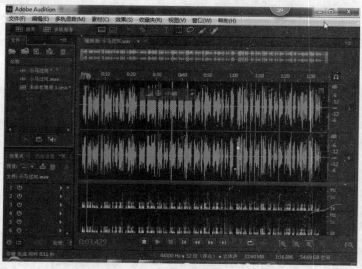

图 5-3-11　录制声音

【步骤4】调节音量。选择"效果"→"振幅与压限"→"标准化"选项，弹出如图5-3-12所示的对话框，取默认值即可，此时波形振幅变大，声音的音量增大到合适的值。

图 5-3-12　振幅与压限

【步骤5】降噪。选择一小段噪声，选择"效果"→"降噪/恢复"→"捕捉噪声样本"选项，如图5-3-13所示。全选波形，选择"效果"→"降噪/恢复"→"降噪"选项，弹出如图5-3-14所示的"降噪"对话框，完成降噪操作。

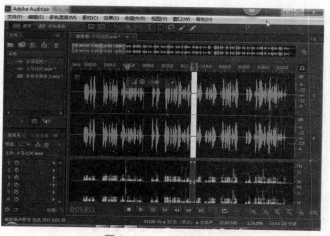

图 5-3-13　降噪取样

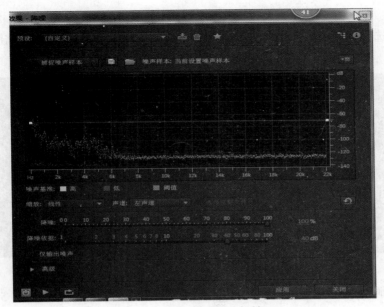

图 5-3-14　"降噪"对话框

【步骤 6】改变音调。选择小马的声音波形，选择"效果"→"时间与变调"→"伸缩与变调"选项，弹出如图 5-3-15 所示的对话框，修改伸缩与变调的数值，设置成小男孩的声音。

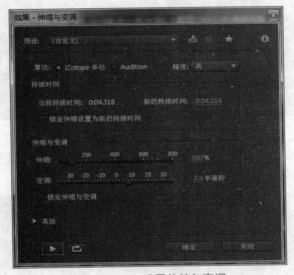

图 5-3-15　设置伸缩与变调

【步骤 7】选择老牛的声音波形，同样修改伸缩与变调的数值，设置成老爷爷的声音。

【步骤 8】选择小松鼠的声音波形，同样修改伸缩与变调的数值，设置成小女孩的声音。

【步骤 9】保存并导出文件。

四、手机铃声的制作

【步骤 1】新建多轨混音项目文件"手机铃声制作"。

【步骤 2】导入"D:\素材 \ 项目 5\ 小城故事 .mp3"文件。将文件"小城故事 .mp3"拖到音频轨道1。

【步骤3】选择要制作铃声的部分，选择剃刀工具，将手机铃声部分分离出，如图5-3-16所示。

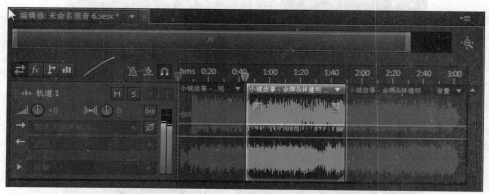

图 5-3-16　分离手机铃声

【步骤4】删除左右不需要的部分，将需要的音频拖到音轨最左边，如图5-3-17所示。

图 5-3-17　提取手机铃声部分

【步骤5】制作淡入淡出效果。音频两端各有淡入、淡出小曲线设置，按住鼠标左键调试曲线，制作淡入、淡出效果，如图5-3-18所示。

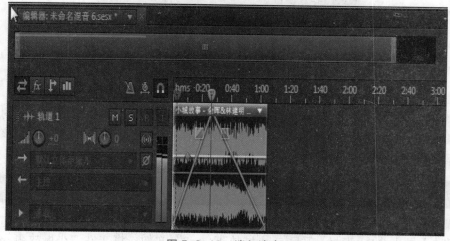

图 5-3-18　淡入淡出

【步骤 6】选择"文件"→"导出"→"多轨混缩"→"完整混缩"选项，在弹出的对话框中设置相关参数，保存在计算机中，然后再导入手机即可。

【小提示】

删除不需要的音频时，首先使用工具箱中的移动工具选中音频部分，然后选择"编辑"→"删除"按钮，单击"删除"按钮即可。

相关知识

1. Adobe Audition CS6 的操作界面组成

Adobe Audition CS6 的操作界面由标题栏、菜单栏、工具栏、编辑器窗口、面板组成，如图 5-3-19 所示。

图 5-3-19　Audition CS6 的操作界面组成

2. Adobe Audition CS6 的面板介绍

除了"编辑器"窗口，Adobe Audition CS6 有 10 个面板，分别为"文件"面板、"媒体浏览器"面板、"效果夹"面板、"标记"面板、"属性"面板、"历史"面板、"视频"面板、"电平"面板、"选区 / 视图"面板、"混音器"面板。如果不小心将某个面板关掉，可以打开"窗口"菜单，在其中找到相应面板。

另外，如果不小心将各个面板调整了位置，可以选择"窗口"→"工作区"→"重置'默认'"选项即可恢复默认的界面状态。

1. 录入一首诗，并配上背景音乐。
2. 录入一段演讲稿，并配上背景音乐。
3. 制作一段音乐串烧。
4. 录入一个寓言故事，并分角色配音。
5. 录入一首自己唱的歌，并配上伴奏。

任务4　视频播放——暴风影音

喜欢看视频的用户一般会通过网站或播放器观看视频。如果通过网站观看，只需在浏览器中输入网址，打开相应网站即可；如果通过播放器观看，则需要将其下载安装到计算机中。

任务分析

暴风影音是北京暴风网际科技有限公司推出的一款视频播放器，该播放器兼容大多数的视频格式，被人们称为"万能播放器"。

暴风影音 5 采用全新的程序结构，配合各功能调度优化，启动速度提升 3 倍，同时开放解码器调节接口，供高级用户使用，速度和视频的双重快体验。

任务实施

使用暴风影音 5，用户既可以播放本地视频文件（计算机中存储的视频文件），也可以播放在线影视视频。

【步骤 1】启动暴风影音 5，单击界面上的"主菜单"按钮，在弹出的菜单中选择"文件"→"打开文件"选项，如图 5-4-1 所示。

暴风影音
视频画面
的截取

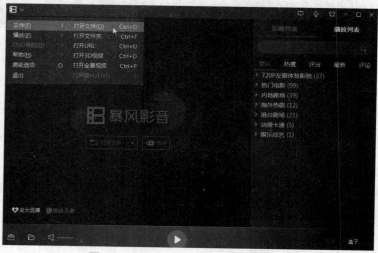

图 5-4-1　打开本地文件的菜单命令

【步骤 2】在弹出的"打开"对话框中选择素材 D:\素材\项目 5\奔跑吧兄弟 150424_高清.mp4，单击"打开"按钮，如图 5-4-2 所示，播放视频文件的同时将其添加至播放列表中。

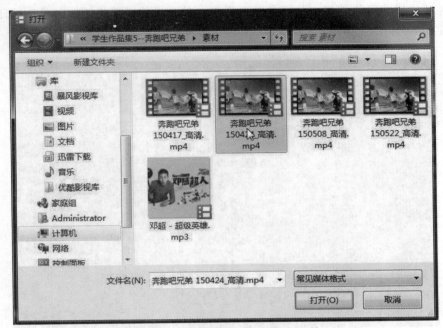

图 5-4-2　选择需要打开的视频文件

【步骤 3】如果需要播放在线影视视频，在界面上选择"影视列表"选项卡，选择需要观看的视频名称即可，如选择"奇思妙想喜羊羊"，如图 5-4-3 所示。

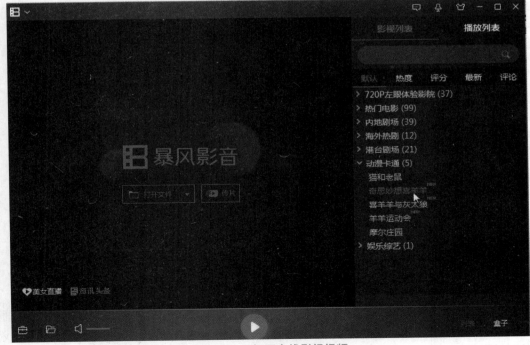

图 5-4-3　打开在线影视视频

【步骤4】观看过的视频将添加至播放列表，当列表中有多个视频文件时，用户可以更改播放模式，单击界面上的"主菜单"按钮，在弹出的菜单中选择"播放"→"循环模式"选项，有5种播放模式可供选择，分别是顺序播放、单个播放、随机播放、单个循环、列表循环，如图5-4-4所示。

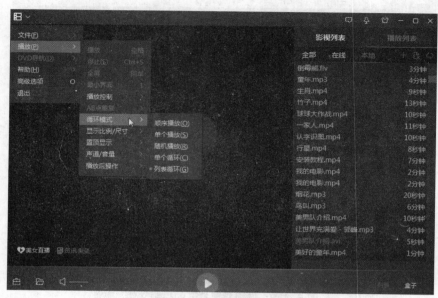

图5-4-4　设置播放模式

【步骤5】在观看视频的过程中，如果需要调节视频音量，单击界面上的"主菜单"按钮在弹出的菜单中，选择"播放"→"声道/音量"选项，可以升高音量、降低音量，也可以将其设置为静音，如图5-4-5所示。

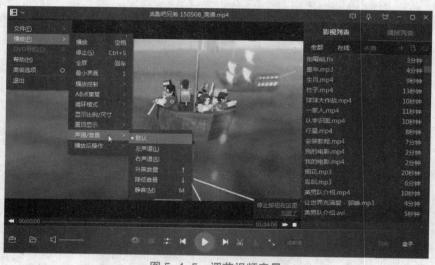

图5-4-5　调节视频音量

【步骤6】在观看视频的过程中，如果需要截取视频画面为图片，则当播放至所需画面时，单击界面上的■按钮，即可进行图像的截取，如图5-4-6所示，单击截图路径即可找到所截取的图片。

图 5-4-6 截取单张视频画面图片

【小提示】

　　如果需要更改截图的保存路径，则需要单击界面上的"主菜单"按钮，在弹出的菜单中选择"高级选项"选项，在弹出的"高级选项"对话框中选择"截图设置"选项卡，即可更改截图图片的"保存路径"和"保存格式"。

　　【步骤7】在观看视频的过程中，不仅可以截取单张视频画面，还能一次性截取多张视频画面。当播放至所需画面时，单击界面上的"工具箱"按钮，在弹出的列表中选择"连拍"选项，则开始截取多张图片，如图 5-4-7 所示。此时，界面左上方会出现"正在连拍，请等待连拍完成"，经过一段时间的等待，出现"连拍截图已保存至截图目录"即可，单击截图路径即可找到所截取的图片。

图 5-4-7 截取多张视频画面图片

暴风影音 5 在播放视频的过程中，有多种显示模式可供设置，具体如下：

1. 最小界面

单击界面上的"主菜单"按钮，在弹出的菜单中选择"播放"→"最小界面"选项，可将其窗口切换至最小界面，设置前后对比如图 5-4-8 所示。

图 5-4-8 "最小界面"设置前后对比

2. 置顶显示

单击界面上的"主菜单"按钮，在弹出的菜单中选择"播放"→"置顶显示"选项，可使播放窗口置于顶层，不被其他程序覆盖，有 3 个选项可供选择：从不、始终、播放时，如图 5-4-9 所示。

图 5-4-9 "置顶显示"设置

3. 按比例显示

单击界面上的"主菜单"按钮，在弹出的菜单中选择"播放"→"显示比例 / 尺寸"选项，可按照设置调整播放画面的比例。例如，选择"按 4:3 比例显示"选项，设置前后对比如图 5-4-10 所示。

图 5-4-10　"按 4∶3 比例显示"设置前后对比

拓展知识

视频播放器能播放以数字信号形式存储的视频。当然，大多数视频播放器也支持播放音频文件。除了暴风影音外，还有 QQ 影音、KMPlayer、PP 视频、QQLive、迅雷看看、百度影音等。大多数视频播放器既有 PC 版，也有手机版。

拓展任务

下载并安装迅雷看看，在线点播一部自己喜爱的综艺节目。

操作提示：先下载安装程序，并将其安装至计算机中，运行程序，应用"搜索"功能即可进行点播。

做一做

1. 使用手机拍摄一段视频，将其拷贝至计算机中，并使用播放器进行播放。
2. 将 QQLive 下载并安装至手机中，并在线播放"中国诗词大会"的视频。

任务5　网络视频——爱奇艺

暴风影音播放器必须经过下载、安装到计算机才能观看视频，本任务将介绍如何使用爱奇艺直接观看网络视频。

任务分析

爱奇艺（http://www.iqiyi.com）是全球领先的提供网络视频服务的大型视频网站，内容丰富，涵盖电影、电视剧、综艺、动漫、生活、体育、音乐等多方面内容，以其视频数量大、种类多、质量高的特点赢得了广大视频爱好者的喜爱。

任务实施

使用爱奇艺可以根据需要观看网络视频，当然，也可以下载爱奇艺客户端进行观看，本任务仅针对网络视频的观看。

【步骤1】打开浏览器，输入网址"http://www.iqiyi.com"，进入爱奇艺网站的首页，如图5-5-1所示。

图 5-5-1　爱奇艺网站首页

【步骤2】首页的右上角有若干选项，单击页面右上角的"下载客户端"即可下载爱奇艺客户端，如图5-5-2所示，下载方法与其他软件相同。

图 5-5-2　爱奇艺客户端下载

【步骤3】首页的中间位置有视频的分类选项，用户可根据需要进行选择，如选择"电影"选项，如图5-5-3所示，打开电影页面，包括电影首页、网络电影、预告片、电影节目四大选项，如图5-5-4所示。

图 5-5-3　选择"电影"选项

图 5-5-4 电影页面

【步骤 4】在"电影首页"页面，各个影片的左上角或右上角可能会有"独播""付费""VIP"等字样，如图 5-5-5 所示。"独播"表示该影片只有在爱奇艺网站才能看到；"付费"表示需要付费后才能够进行观看，会员和非会员是不一样的价格（会员可在网站首页上注册并登录）；"VIP"表示需要开通 VIP 会员才能够进行观看（VIP 会员可在网站首页上开通）。网站上的其他页面也是如此。

欢乐好声音（普通... 8.9

白夜侠

速度与激情8 8.2

神秘巨星（普通话） 8.3

图 5-5-5 影片上的不同字样

如果是"付费",单击播放后左下角会出现"试看6分钟,因版权限制,观看完整版请购买本片"字样,单击"购买本片",付费之后可观看;如果是"VIP",单击播放后左下角会出现"试看6分钟,观看完整版请开通VIP会员"字样,单击"开通VIP会员",开通之后即可观看。

【步骤5】单击页面上方的"导航"按钮可以选择跳转到其他页面,如图5-5-6所示。

图 5-5-6　跳转到其他页面

【步骤6】单击页面上方的"爱奇艺"图标能够跳转到网站首页,如图5-5-7所示。

图 5-5-7　跳转到网站首页

【步骤7】在网站首页可以搜索想要观看的视频,例如,输入"致我们终将逝去的青春",单击右侧的"搜全网"按钮,如图5-5-8所示,即可打开相应页面,播放观看即可。如果需要下载该视频,则可以在播放页面单击"下载"按钮,当然,需要先下载安装爱奇艺的客户端。

图 5-5-8　搜索视频

相关知识

在爱奇艺网站首页，除了上述"登录""注册""开通 VIP""下载客户端"之外，右上方还有"上传""消息"和"播放记录"3 个选项。"上传"功能需要注册会员并登录才能使用，包括上传视频、制作视频、我的空间、视频管理、流量分析；"消息"分为三类，更新提醒、系统推荐、用户通知。其中，"用户通知"功能需要注册会员并登录才能使用；"播放记录"功能可以记录曾经观看过视频的痕迹，如果想获得更加准确的记录需要注册会员并登录。

拓展知识

网络视频网站除了爱奇艺外，还有土豆网、优酷网、百度视频、酷 6 网、腾讯视频、芒果 TV、乐视网、网易视频等，可根据自己的喜好进行选择。

拓展任务

打开优酷网，在该网站上搜索最想观看的视频并进行播放和下载。

操作提示：打开网站首页，在搜索框中搜索到视频，单击"播放"和"下载"，下载视频前可能会需要先下载相应客户端。

做一做

1. 使用爱奇艺搜索"奔跑吧兄弟第 5 季第 9 期"并进行观看。
2. 使用爱奇艺下载"中国诗词大会第 2 季总决赛"的视频。

任务6　视频处理——会声会影

喜欢录制视频的用户可以使用智能手机、数码相机、摄像机等设备进行录制，喜欢观看视频的用户可以通过视频播放软件、视频网站进行观看，喜欢制作、合成、剪辑视频的用户该怎么办呢？可以根据需求使用软件对视频进行编辑和修改，这就需要用到视频处理软件。

任务分析

视频处理软件有很多，如 Adobe Premiere Pro、Sony Vegas、Edius、Final Cut Pro、会声会影、爱剪辑、狸窝智能转换器等。通过这些软件，可以根据需求完成对视频的编辑和修改。本任务以会声会影为例，介绍其常用功能。

会声会影是由 Corel 公司开发的一款功能强大的视频编辑软件，操作简单，常用版本有 X5、X6、X7、X8、X9、X10。其中，最新版本 X10 于 2017 年 3 月推出。以下内容以会声会影 X10 版本加以说明。

任务实施

使用会声会影 X10，用户既可以对事先准备好的视频进行编辑，也可以将视频、图像、文字、音频等素材合成在一起制作视频。

一、导入视频素材

【步骤1】启动会声会影 X10，打开操作界面，如图 5-6-1 所示。视频处理的过程简化为3个步骤：捕获、编辑、共享。单击步骤面板上的按钮，可在三者之间切换。捕获，可以录制或导入媒体素材，如视频、图像、音频等素材；编辑，可以编辑处理捕获的媒体素材；共享，将编辑好的视频导出。

图 5-6-1　三大步骤面板

【步骤2】导入视频素材：单击素材库面板上的"添加"按钮，如图 5-6-2 所示，修改文件夹名称，这里修改文件夹名称为"奔跑吧兄弟"，将视频处理用到的素材都放入该文件夹中，以方便管理。单击素材库面板上的"导入媒体文件"按钮，如图 5-6-3 所示，弹出"浏览媒体文件"对话框，选择所需素材，本例中选择素材"D:\ 素材 \ 项目 5\ 奔跑吧兄弟150522.avi"，单击"打开"按钮即可。

图 5-6-2　添加素材文件夹

图 5-6-3　导入媒体文件

【步骤3】操作完毕后,在播放器面板即可看到导入的素材文件,如图5-6-4所示,单击该面板下方的"播放"按钮即可观看效果。

图5-6-4　播放器面板中显示已经导入的素材

二、设置视频素材选项

【步骤1】单击素材库面板右下角的"选项"按钮,如图5-6-5所示,弹出"选项"面板。

图5-6-5　"选项"面板

【步骤2】在"视频"选项卡中将音量调整到90,如图5-6-6所示。

图5-6-6　调节视频音量

【步骤3】单击"选项"面板右上角的 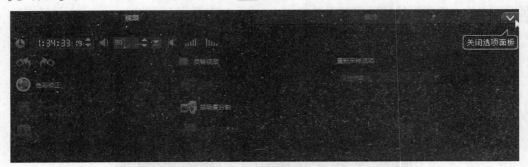 按钮，如图5-6-7所示，即可将其关闭。

图5-6-7 关闭"选项"面板

三、将视频素材添加至时间轴面板

【步骤1】鼠标拖动素材库面板中的文件"奔跑吧兄弟150522.avi"至时间轴面板第一条轨道视频轨，效果如图5-6-8所示。

图5-6-8 将素材拖放至视频轨

【步骤2】单击播放器面板下方的"播放"按钮可观看效果。

【小提示】

时间轴面板默认有5条轨道，分别为：视频轨、覆叠轨、标题轨、声音轨、音乐轨。

视频轨：主要用于放置视频、图像类素材。

覆叠轨：用于呈现画中画效果。

标题轨：主要用于放置标题（文本）。

声音轨：主要用于放置录制的画外音。

音乐轨：主要用于放置背景音乐。

选择"设置"→"轨道管理器"选项，弹出"轨道管理器"对话框，可通过更改相应数字增加轨道。其中，覆叠轨可增至20条，标题轨可增至2条，音乐轨可增至8条。

四、分割视频素材

【步骤1】播放视频，当播放至00:01:03:24时，单击"暂停"按钮，播放头会停止在相应位置。

【步骤2】单击播放器面板右下角的 ▧ 按钮，视频将被分割成两段，如图5-6-9所示。

图 5-6-9　分割后的视频素材

【步骤 3】分别在 00:01:12:01、00:01:40:17、00:02:12:24、00:02:37:06、00:05:25:02、00:06:20:13、00:09:17:06、00:10:00:19 处进行分割。经过以上操作，视频共被分割为 10 段。

五、删除视频素材

【步骤 1】使用鼠标左右拖动时间轴面板右上角的缩放滑块，可将时间轴缩小或放大后显示，如图 5-6-10 所示。

图 5-6-10　缩放滑块

【步骤 2】将滑块拖动到最左端，可看到轨道上的素材更加容易显示完整。

【步骤 3】素材共 10 段，选中第 3 段、第 5 段、第 7 段、第 9 段并右击，在弹出的快捷菜单中选择"删除"选项，操作完成后，共剩余 6 小段视频，效果如图 5-6-11 所示。

图 5-6-11　删除视频后的效果

六、移动视频素材

【步骤 1】选中第 2 段视频，按住 Shift 键的同时选中第 6 段视频，此时，可将第 2 段至第 6 段视频全部选中。

【步骤 2】使用鼠标将这几段视频拖至覆叠轨以 00:04:00:00 为开始的位置备用，如图 5-6-12 所示。

图 5-6-12　移动视频素材

七、导入图像素材

【步骤1】单击素材库面板上的"导入媒体文件"按钮，导入素材"D:\ 素材 \ 项目 5\ 背景图片 .jpg"（同时导入"陈赫 .jpg""邓超 .jpg""李晨 .jpg""郑凯 .jpg""包贝尔 .jpg""王祖蓝 .jpg""angelababy.jpg"）。

【步骤2】选择"设置"→"参数选择"选项，弹出"参数选择"对话框，选择"编辑"选项卡，设置"默认照片 / 色彩区间"为 2 秒。将素材库面板中的"背景图片"拖至视频轨，各个人物图片（除"邓超 .jpg"外）拖至覆叠轨，位置如图 5-6-13 所示。

图 5-6-13　拖动素材至相应轨道

【步骤3】将时间轴面板右上角的缩放滑块拖至大约中间位置，可将其放大，放大后效果如图 5-6-14 所示。

图 5-6-14　放大后效果

【小提示】

鼠标拖动时间轴面板左下方的■■按钮，可显示轨道素材的不同时间位置。

八、单独调整图像素材播放时间

会声会影
调整图像
素材的播
放时间

【步骤1】选中视频轨上的"背景图片"，可以单独调整其播放时间。

【步骤2】如需粗略调整，可选中素材，使用鼠标直接拖动素材右侧边缘至合适位置。

【步骤3】如需精确调整，可选中素材并右击，在弹出的快捷菜单中选择"更改照片区间"选项，对话框中设置时间为 0:0:12:0，如图 5-6-15 所示。

图 5-6-15　更改图像播放时间

九、调整素材在轨道中的位置

【步骤1】目前，覆叠轨上有 5 小段视频素材。以下素材需要在视频轨"背景图片"后依次放置覆叠轨上的第 1 小段视频、素材库中的背景图片、覆叠轨上的第 2 小段视频、覆叠轨上的第 3 小段视频、覆叠轨上的第 4 小段视频、覆叠轨上的第 5 小段视频。

【步骤 2】在覆叠轨上放置邓超人物图片，与视频轨上刚刚放置的背景图片位置相对应，如图 5-6-16 所示。

图 5-6-16　素材调整好后的位置

【小提示】

　　调整过程中需要将缩放滑块和位置调整滑块配合使用。

十、调整图像素材大小

【步骤 1】再次将时间轴面板右上角的缩放滑块拖至大约中间位置。

【步骤 2】选中 angelababy 人物照片，此时，图像周围出现黄色控制点和绿色控制点。

【步骤 3】拖动黄色控制点可以改变图像大小，拖动绿色控制点可以使图像变形，直接拖动图像可以移动图像位置，调整图像的大小和位置如图 5-6-17 所示。

图 5-6-17　调整图像的大小和位置

【步骤 4】使用相同方法调整其他人物图片的大小和位置。

十一、设置覆叠轨中图像素材的属性

【步骤 1】选中 angelababy 人物图片，单击素材库面板上的"选项"按钮，在弹出的"选项"面板中选择"属性"选项卡，单击"遮罩和色度键"按钮，如图 5-6-18 所示。

图 5-6-18　设置遮罩和色度键

【步骤 2】在弹出的界面中选中"应用覆叠选项"复选框，右侧出现样式，选择恰当的样式即可，如图 5-6-19 所示。

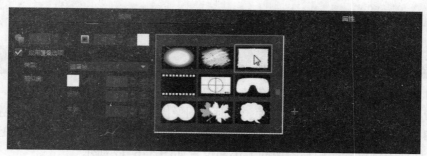

图 5-6-19　选择遮罩帧样式

十二、复制覆叠轨中图像素材的属性

【步骤 1】选中覆叠轨中的 angelababy 人物图片并右击，在弹出的快捷菜单中选择"复制属性"选项，如图 5-6-20 所示。

【步骤 2】选中覆叠轨中的李晨人物图片右击，在弹出的快捷菜单中选择"粘贴可选属性"选项，如图 5-6-21 所示。

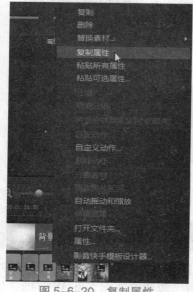

图 5-6-20　复制属性

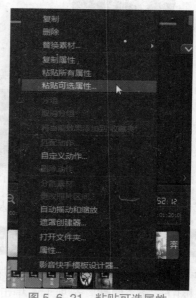

图 5-6-21　粘贴可选属性

【步骤 3】在弹出的"粘贴可选属性"对话框中取消选中"全部"复选框，仅选中"覆叠选项"复选框，如图 5-6-22 所示。

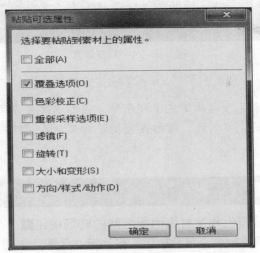

图 5-6-22　"粘贴可选属性"对话框

【步骤 4】操作完成后，李晨人物图片会应用上和 angelababy 人物图片同样的遮罩帧。使用相同方法设置其他人物图片。

十三、添加文字

【步骤 1】关闭素材库面板中的"选项"面板，选中 angelababy 人物图片，双击标题轨上与之相对应的位置，播放器面板中出现"双击这里可以添加标题"字样，双击输入"angelababy"。

【步骤 2】选中文字"angelababy"，单击"选项"面板中的"色彩"，在弹出的面板中选择"蓝色"，如图 5-6-23 所示。

图 5-6-23　更改文字颜色

【步骤 3】使用鼠标将文字拖动到合适位置。在标题轨上鼠标拖动刚刚添加的文字素材，使之与覆叠轨上 angelababy 人物图片的位置相对应，如图 5-6-24 所示。

图 5-6-24　对齐位置

【小提示】

　　更改文字效果时，除了可以改变文字颜色外，还可以改变字体、字号、旋转角度、对齐方式，设置加粗、倾斜、下划线、横排或竖排等效果，在"选项"面板中单击相应按钮进行设置即可。

十四、添加转场效果

　　【步骤 1】单击播放器面板和素材库面板之间的转场按钮█，在右侧出现的效果中选择"旋转门"选项，鼠标拖动该效果至覆叠轨第 1 张和第 2 张图片之间，单击"播放"按钮可以观看效果。

　　【步骤 2】鼠标拖动第 2 张图片的右侧边缘至与第 3 张图片相连接的位置，两者之间应用"单向"转场效果。

　　【步骤 3】使用相同的方法为覆叠轨每两张图像之间添加转场效果。操作完成后，效果如图 5-6-25 所示。

图 5-6-25　应用转场后的效果

十五、导入并分割音频素材

　　【步骤 1】单击素材库面板上的"导入媒体文件"按钮，导入素材"D:\ 素材 \ 项目 5\ 超级英雄 .mp3"，并将其拖动至音乐轨上，如图 5-6-26 所示。

图 5-6-26　导入音频素材

　　【步骤 2】单击播放器面板中的"播放"按钮，当播放至 00:00:24:12 时，单击"暂停"按钮，播放头会停止在相应位置。选中音乐轨上的音频素材并单击播放器面板右下角的█按钮，音频将被分割成两段，如图 5-6-27 所示。

图 5-6-27　分割音频素材

十六、移动音频素材位置

【步骤 1】鼠标拖动音乐轨上第 2 段音频至与覆叠轨中第 1 张图片相对应的位置，如图 5-6-28 所示。

图 5-6-28　移动音频素材的位置

【步骤 2】单击播放器面板中的"播放"按钮，当播放至 00:01:47:00 时，对音乐轨上的音频素材进行分割。

【步骤 3】分割完成后将最后一小段删除。操作完成后，效果如图 5-6-29 所示。

图 5-6-29　删除后的效果

十七、保存

【步骤 1】至此，所有素材的编辑合成操作均已完成，保存有两种选择：保存为项目文件，方便再次打开修改编辑；保存为视频文件，直接生成视频文件格式。建议大家两种保存方式都要进行，既可以获得视频文件，也可以为编辑修改做好准备。

【步骤 2】如果保存为项目文件，则选择"文件"→"智能包"选项，在弹出的提示框中单击"是"按钮，弹出"智能包"对话框，可灵活进行设置。打包为：如果选择"文件夹"，则生成相应文件夹，如果选择"压缩文件"，则生成相应的压缩文件。文件夹路径：设置文件夹的保存路径。分别设置好"项目文件夹名"和"项目文件名"后单击"确定"按钮即可。可以看到生成的智能包中包含有扩展名为 .vsp 的项目文件和用到的所有素材文件。

【步骤 3】如果保存为视频文件，则单击步骤面板中的"共享"按钮，在弹出的界面中根据需要进行选择和设置，如图 5-6-30 所示，设置完成后单击"确定"按钮即可。可以看到，直接生成了所选择格式的视频文件。

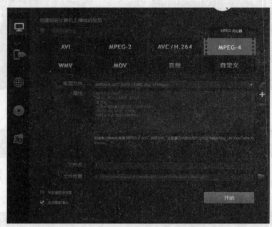

图 5-6-30 保存为"视频文件"

相关知识

会声会影的操作界面组成如图 5-6-31 所示。

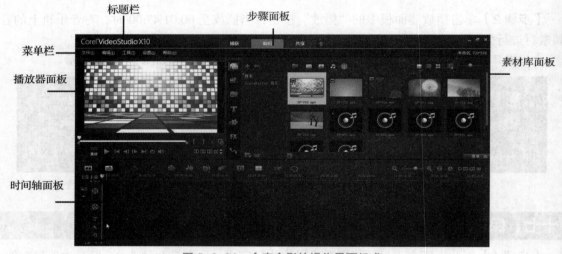

图 5-6-31 会声会影的操作界面组成

拓展知识

使用会声会影导入视频、图像、音频文件或编辑完成保存后，有时会遇到文件不是所需格式的情况，此时可以借助项目 3 任务 5 中讲解的软件格式工厂进行音频文件格式的转换，以满足实际需求。

拓展任务

使用格式工厂将视频文件素材"奔跑吧兄弟 .avi"转换为 .mp4 格式。

1. 选择一首喜欢的歌曲，并搜集相应的文字、图像、视频等素材，使用会声会影软件将这些素材加工为该歌曲的 MV，以文件名 "歌曲 MV.avi" 进行保存。

2. 以小组为单位，自选主题，构思故事情节，并通过手机拍摄、网络搜索等多种方式获得所需媒体素材，最后使用会声会影软件编辑合成，以文件名 "我的小视频 .mp4" 进行保存。

任务7　电子相册——魅客

在日常工作和生活中，喜欢摄影的用户会拍出很多精彩的照片，用这些照片能够制作出精美的电子相册。相对于传统的纸质相册而言，电子相册不易损坏、照片不易褪色。这就需要使用电子相册制作软件。

任务分析

项目 5 任务 6 中的视频处理软件会声会影也可以制作电子相册，把图片素材放置在视频轨上，音频素材放置在音乐轨上，各类素材设置好效果即可。本任务将学习一款易学的电子相册制作软件——魅客。

任务实施

使用魅客，除了可以制作电子相册外，还可以制作电子杂志、电子读物等，操作方法与制作电子相册类似。

【步骤 1】启动魅客，打开操作界面，如图 5-7-1 所示。

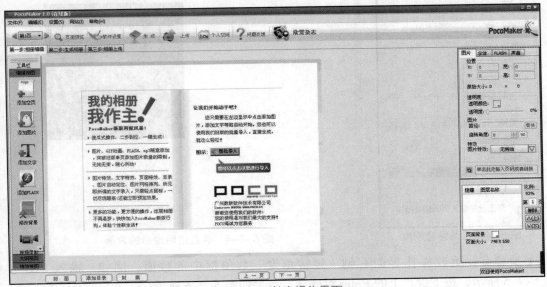

图 5-7-1　魅客操作界面

【步骤 2】单击操作界面中间的"整批导入"按钮，弹出"打开"对话框，选择文件位置 "D:\素材\项目 5"，按住 Ctrl 键选中"宝贝 1.jpg""宝贝 2.jpg""宝贝 3.jpg"，单击"打开"按钮。此时，页面上出现"宝贝 1.jpg"图片。单击页面下方的"下一页"按钮即可依次看到"宝贝 2.jpg""宝贝 3.jpg"的图片，也就是说，整批导入的图片每张各占一个页面。

【步骤 3】打开宝贝 1 页面，图片周围出现黑色框线，鼠标拖动框线可以改变图片大小，鼠标直接拖动图片可以改变图片位置，调整后效果如图 5-7-2 所示。

图 5-7-2　调整图片大小和位置

【步骤 4】使用鼠标拖动操作界面右侧"图片"选项卡中的"透明度"滑块，如图 5-7-3 所示，可以调整图片的透明度，例如，将透明度调整为 17%，效果如图 5-7-4 所示。

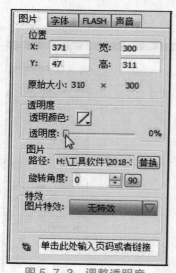

图 5-7-3　调整透明度

图 5-7-4　调整透明度后的效果

【步骤 5】更改操作界面右侧"旋转角度"数值框中的数值，例如，输入"20"，如图 5-7-5 所示，按下键盘上的 Enter 键确认，效果如图 5-7-6 所示。

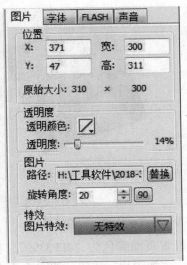

图 5-7-5　设置旋转角度

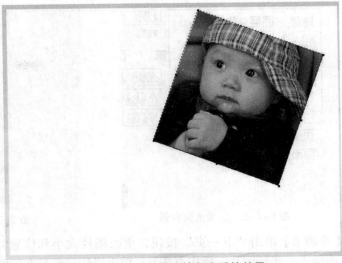

图 5-7-6　设置旋转角度后的效果

【步骤 6】单击操作界面右侧"图片特效"右侧的 ▽ 按钮，弹出列表框，如图 5-7-7 所示，选择I岁月痕迹选项，效果可以通过页面左上角的 🔍 页面预览 按钮来观看。

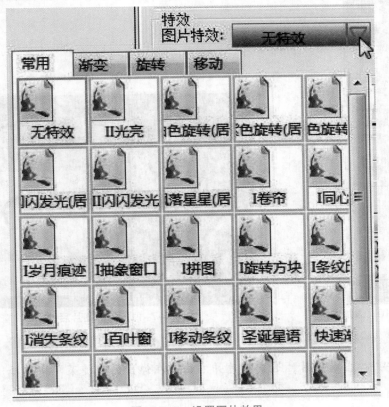

图 5-7-7　设置图片效果

【步骤 7】单击操作界面右下角的"页面背景"右侧的按钮，如图 5-7-8 所示，可以为页面设置背景颜色，例如，设置颜色为"#FFFF00"，效果如图 5-7-9 所示。

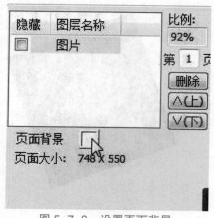

图 5-7-8 设置页面背景   图 5-7-9 更改背景颜色后的效果

【步骤 8】单击"下一页"按钮，更改图片大小和位置，设置页面颜色为"#FF3399"，在此页面插入一张新图片。操作方法是：单击操作界面最左侧的"添加图片"按钮，如图 5-7-10 所示，弹出"打开"对话框，选择素材"D:\ 素材 \ 项目 5\ 宝贝 4.jpg"，单击"打开"按钮即可。

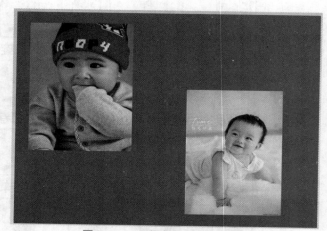

图 5-7-10 添加图片   图 5-7-11 添加图片后的效果

【小提示】

如果需要去掉当前图片，选中图片并右击，在弹出的快捷菜单中选择"删除"选项即可。

【步骤 9】单击"下一页"按钮，将图片稍微向上调整位置，占满页面的上部分，单击图 5-7-10 中所示的"添加文字"按钮，页面增加一个文本框，输入文字"亲亲宝贝"，选择右侧的"文字"选项卡，设置字体为"幼圆"，字号为"36"，字体颜色为"#FF0000"，鼠标拖动文本框至如图 5-7-12 所示的位置。

图 5-7-12　添加文字效果

【小提示】
　　图片和文字素材可多次添加，直到满意为止，添加方法如【步骤 8】和【步骤 9】所述。

　　【步骤 10】单击图 5-7-10 中所示的"添加空页"按钮，可在当前页面之后增加一个空白页，以便继续添加宝贝图片。在该页面添加图片 D:\ 素材 \ 项目 5\ 宝贝 5.jpg、边框 1.jpg，插入效果如图 5-7-13 所示。

图 5-7-13　同时插入两种图片的效果

　　【步骤 11】选中图片"边框 1.jpg"，单击操作界面右下方的 V(T) 按钮，如图 5-7-14 所示，可调整同一页面多张图片的叠放次序，效果如图 5-7-15 所示。

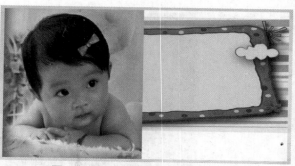

图 5-7-14　调整叠放次序　　　　　　　图 5-7-15　　调整叠放次序后的效果

【步骤 12】调整两张图片的大小和位置，使宝贝图片置于边框图片的合适位置，如图 5-7-16 所示。

图 5-7-16　调整大小和位置后的效果夹

【步骤 13】宝贝的照片可以运用项目 4 中介绍的图形图像处理工具加工处理好之后再用来制作相册，会更加美观。单击"添加空页"按钮，添加图片"D:\ 素材 \ 项目 5\ 宝贝 6.jpg"，调整图片至合适位置，效果如图 5-7-17 所示。

图 5-7-17　添加图片并调整后的效果

【步骤 14】单击操作界面左下角的"封面"按钮,显示整个相册的封面,选中原有图片,单击页面右侧的"替换"按钮,弹出"打开"对话框,选择图片"D:\ 素材 \ 项目 5\ 封面 .jpg"即可,封面图片进行更换,如图 5-7-18 所示。添加图片"D:\ 素材 \ 项目 5\ 宝贝文字 .jpg",调整合适的大小和位置,效果如图 5-7-19 所示。

图 5-7-18　更换封面

图 5-7-19　添加图片

【步骤 15】单击操作界面左下角的"封底"按钮,显示整个相册的封底,使用同样的方法进行封底图片的更换,选择图片"D:\ 素材 \ 项目 5\ 封底 .jpg",效果如图 5-7-20 所示。

【步骤 16】显示封面,选择操作界面右侧的"声音"选项卡,如图 5-7-21 所示,单击"添加"按钮,弹出"打开"对话框,选择"D:\ 素材 \ 项目 5\ 亲亲我的宝贝 .mp3"文件,单击"确定"按钮,即可为相册添加背景音乐。

魅客电子相册的两种保存方式

图 5-7-20　更换封底

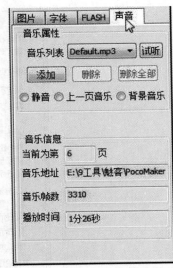

图 5-7-21　添加背景音乐

【步骤 17】通过操作界面左上角的 页面预览 按钮来观看效果,如果有问题,继续修改;如果没有问题,可以进行相册的保存。保存有两种选择:保存为列表文件,方便再次打开修改编辑;保存为 .exe 文件,直接生成相册。建议大家两种保存方式都要进行。

【步骤 18】生成列表文件:选择"文件"→"保存列表"选项,设置文件名为"儿童电子相册",选择好保存位置,单击"保存"按钮。此时,生成扩展名为 .pmk 的列表文件。

【步骤 19】生成相册：单击操作界面左上角的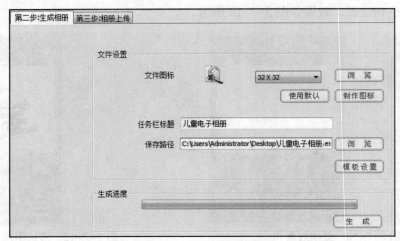按钮，在打开的页面中设置"任务栏标题"和"保存路径"，如图 5-7-22 所示，单击"生成"按钮，等待几秒钟，弹出"电子相册生成完毕"对话框，单击"确定"按钮。

图 5-7-22　生成相册

相关知识

使用魅客制作电子相册过程中，软件的某些参数是可以灵活设置的。单击操作界面左上角的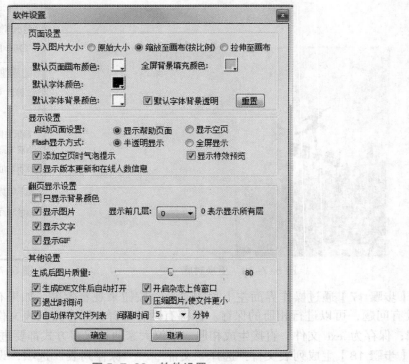按钮，弹出"软件设置"对话框，如图 5-7-23 所示。

图 5-7-23　软件设置

（1）导入图片大小：有"原始大小""缩放至画布（按比例）""拉伸至画布"3 种选择。

（2）默认页面画布颜色和全屏背景填充颜色：可以分别更改页面画布的颜色和全屏背景的颜色。

（3）默认字体颜色和默认字体背景颜色：可以分别更改字体颜色和字体背景颜色。

拓展知识

在制作电子相册时，主要用到文字、图像、音频等素材，这些素材均可以使用专门的处理软件处理完成后再添加至相册。另外，相册中还可以添加 Flash，也需要事先用 Flash 制作软件进行制作。

以上制作电子相册的方法也适用于制作电子杂志和电子读物，只是主题不同、目的不同，思路和版面设计上也会有所不同。

拓展任务

自选一首古诗词，搜集素材，制作相关电子读物，使读者了解诗词作者和内容。

做一做

1. 自选主题，搜集文字、图像、音频等素材并使用相关软件进行处理。

2. 运用第 1 题中处理好的素材，使用魅客制作一本电子相册，以文件名"电子相册 .exe"进行保存。

任务8　屏幕录制——录屏王

在使用计算机的过程中，可能会需要录制屏幕中的一些信息，或者是录制计算机上的一些操作，这时就需要使用屏幕录制工具。

任务分析

Apowersoft 录屏王软件由深圳市网旭科技有限公司开发，是一款专业的同步录制屏幕画面及声音的录屏软件，其中的 Video Editor（视频编辑器）可以快速无损地将录制好的视频转换为其他多种格式。操作界面简洁，便于用户操作。

任务实施

使用 Apowersoft 录屏王，可以简单方便地录制屏幕中的信息或操作，大大提高了效率。

【步骤 1】打开官方网址 http://www.apowersoft.cn/screen-recorder，下载、安装并启动 Apowersoft 录屏王，进入操作界面，如图 5-8-1 所示。

图 5-8-1　Apowersoft 录屏王操作界面

【步骤 2】单击操作界面左上角的"录制"下拉按钮，弹出的下拉菜单中有若干选项，即多种录制方式，以下步骤以"自定义区域"录制方式为例进行介绍。

自定义区域：用户通过鼠标选择录制区域。

全屏：录制整个屏幕。

围绕鼠标：录制鼠标所在区域，区域大小可以选择。

摄像头：通过摄像头进行录制。

只录制声音：录制的只有声音，声音格式可以选择。

IOS：可以录制手机屏幕。

【步骤 3】选择"自定义区域"选项，使用鼠标在 Windows 桌面上任意拖动一个区域范围，松开鼠标，弹出"选择区域"对话框，显示刚才使用鼠标拖动区域的高度和宽度，如图 5-8-2 所示。如果满意，单击"确定"按钮；如果不满意，单击■按钮，可以重新拖动选择。

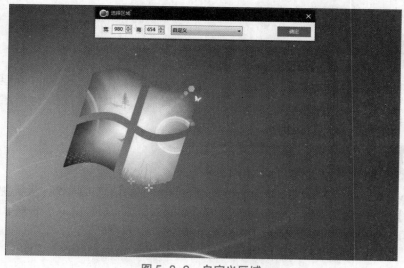

图 5-8-2　自定义区域

【小提示】

图 5-8-2 中的"自定义"选项有多种区域大小可供选择，任意单击即可将录制区域更改为所选大小。

【步骤 4】录制区域确定后，弹出提示框"准备就绪？"如图 5-8-3 所示，单击"确定"按钮，进入录制状态，可以录制接下来在屏幕的这个区域内所发生的一切。

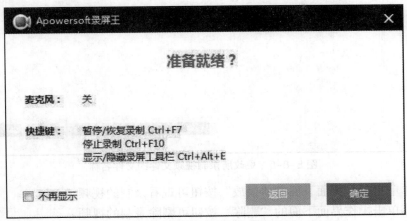

图 5-8-3 "准备就绪"提示框

【步骤 5】打开项目 5 任务 7 中制作的文件"儿童电子相册 .pmk"，在其"声音"选项卡中将声音设置为静音，并拖动调整录制区域框线，使其覆盖整个相册的范围，如图 5-8-4 所示。

图 5-8-4 拖动调整录制区域

【步骤 6】相册播放完毕，按 Ctrl+F10 组合键结束录制，即可看到返回操作界面的同时出现刚刚录制的视频，包括文件名、大小、时长等信息。选中该视频文件并右击，在弹出的快捷菜单中选择"重命名"选项，即可重命名该文件，将其命名为"儿童相册"，按 Enter 键确认，如图 5-8-5 所示。

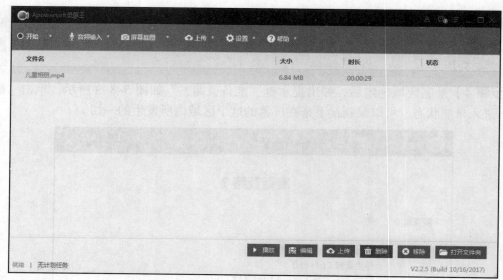

图 5-8-5　更改所录制视频文件的文件名称

【步骤 7】单击操作界面下面的"播放"按钮可观看录制的视频。

【步骤 8】单击操作界面下面的"删除"按钮可删除录制的视频。

【步骤 9】单击操作界面下面的"打开文件夹"按钮可以打开所录制视频文件在本地计算机上的存储位置。

【步骤 10】单击"编辑"按钮可对视频进行简单的编辑，弹出"Video Editor（视频编辑器）"对话框，如图 5-8-6 所示。

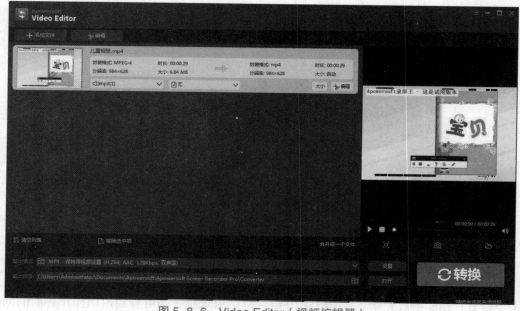

图 5-8-6　Video Editor（视频编辑器）

【步骤 11】选中"儿童相册 .mp4"，单击左上角的"编辑"按钮，进入"编辑"界面。界面右侧有截取、调整、特效、水印、字幕等选项卡，功能分别如下。

截取：从视频文件中截取出部分视频。

调整：对视频中的画面进行旋转和裁切。

特效：调整视频的速度、音量、对比度、亮度、饱和度。

水印：添加图形或文字为水印。

字幕：为视频添加字幕。

【步骤 12】根据实际需要对"儿童相册 .mp4"进行编辑和处理，每个选项卡设置完毕需要单击"确定"按钮。

【步骤 13】在"Video Editor"（视频编辑器）对话框单击左上角的"添加文件"按钮，添加音频文件"D:\ 素材 \ 项目 5\ 宝贝 .mp3"，选中"合并成一个文件"复选框，设置输出格式和输出目录，如图 5-8-7 所示，单击"转换"按钮，弹出提示"2 个文件已经转换成功，合并完成"，单击"确定"按钮。此时将两个文件合二为一，并且转换为 .avi 格式。

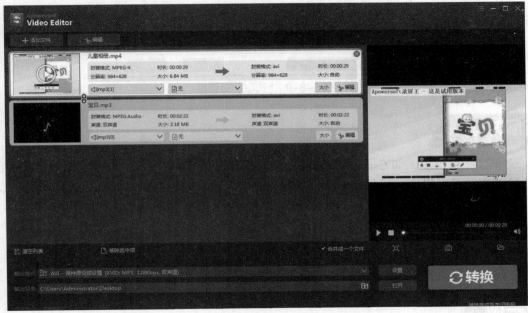

图 5-8-7　合成文件

相关知识

　　Apowersoft 录屏王中很多选项可以进行手动设置，单击操作界面上面的"设置"下拉按钮，在弹出的下拉菜单中选择"选项"选项，如图 5-8-8 所示。弹出"选项"对话框，如图 5-8-9 所示。

录屏王已录制视频的默认输出目录

图 5-8-8　选择"选项"选项

图 5-8-9 "选项"对话框

拓展知识

录屏软件有很多，如 Camtasia Studio、红蜻蜓、录屏大师等，这些软件都可以满足用户一些最基本的录屏操作，只是有的软件占用磁盘空间比较大，有的软件视频编辑功能不太强大，甚至没有编辑功能。

拓展任务

下载并安装录屏大师，尝试一下该软件的各项功能。

做一做

1. 使用 Apowersoft 录屏王录制更改 Windows 桌面背景的操作视频，以文件名"更改桌面背景操作 .mp4"进行保存。

2. 使用 Apowersoft 录屏王录制自己的歌声或朗诵声。

项目 6

文件下载与云存储工具

■文件下载——迅雷

■云存储——百度网盘

下载是指将文件从服务器复制到自己的计算机中，在上网的过程中，离不开文件的下载，同时，网络时代每天产生的数据量正以惊人的速度不断增长，每人每天都需要用到各种各样的数据，所以便携、安全、大容量的移动硬盘变得尤为重要。而在出门的时候，又不可能时刻带着一个移动硬盘，这时，云存储就应运而生了。

能力目标 ⇨　1. 掌握常用下载软件的使用方法，下载并安装软件。
　　　　　　2. 掌握使用网络搜索软件 / 视频资源，并能够使用迅雷获取资源。
　　　　　　3. 学会使用云存储工具备份文件。
　　　　　　4. 能够使用百度网盘备份、分享资料。

任务1　文件下载——迅雷

在日常工作和学习中，常常需要下载软件来获取各类资源。下载工具很多，下面就以迅雷下载工具为例来学习文件的下载。

任务分析

通过网站获取工具软件安装程序等资源时，可以用下载工具来实现，其中的翘楚就属迅雷了。迅雷软件提供了搜索与下载文件、批量下载文件、自定义限速等功能。

要实现下载资源的功能，首先要在计算机上安装迅雷，然后启动它，利用网页搜索工具查找所需资源的下载网址进行下载。下面以搜索《战狼2》下载网址并进行下载为例加以介绍。

任务实施

【步骤1】在百度搜索并找到《战狼2》迅雷下载，如图6-1-1所示。

图 6-1-1　搜索界面

【步骤2】单击该链接进入下载页面，选择好下载资源，如图6-1-2所示。

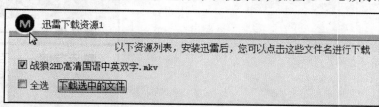

图 6-1-2　选择下载资源

【步骤 3】弹出"新建任务"设置对话框，设置好存储路径后，单击"立即下载"按钮，如图 6-1-3 所示。开始下载文件后，在迅雷的操作界面中将会显示文件的下载速度、完成进度等信息。

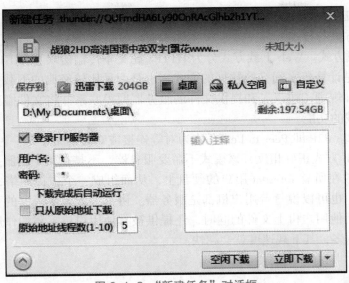

图 6-1-3　"新建任务"对话框

【步骤 4】当下载完成时，会显示"已完成"提示，可以看到下载完成后的文件信息。下载到自己硬盘上的《战狼 2》就可以随心所欲地收看了。

相关知识

迅雷最直接、最重要的功能就是快速下载文件，它可以将网络上各种资源下载到本地磁盘上。

迅雷的限速
设置

迅雷是一款新型的基于 P2SP 技术的下载工具，能够有效降低死链比例，也就是说下载链接如果是死链，迅雷会搜索其他链接来下载所需的文件。该软件支持多节点断点续传，支持不同的下载速度。

迅雷具有批量下载功能，一次操作即可添加多个（无数量限制）下载任务，主要是为了方便下载动画片、连续剧等 URL 非常规则的任务。而一次性添加多个任务，是提高下载效率最有效的手段。

新版的迅雷还能下载 BC（BitComet）资源和电驴资源等，成为下载软件中的全能战士。

拓展知识

1. 下载

下载就是通过网络连接，从别的计算机或服务器上复制或传输文件，保存到本地计算机中的一种网络活动。例如，从 Web 站点下载文件到硬盘上，最简单的下载就是使用 IE 浏览器下载，但这样只支持单线程，且不能支持断点续传，所以一般都会使用专门的下载工具。

下载工具是一种利用"多点连接"技术，充分利用网络带宽，实现"断点续传"功能，从网上更快地下载文本、图片、图像、视频、音频、动画等信息资源的软件。

2. 下载的方式和技术

从传统的 Web 下载方式到 P2P 技术，下载的技术在不断地改进与发展中。下面介绍两种当前主要的下载方式与技术。

（1）Web 下载方式。Web 下载方式分为 HTTP（超文本传输协议）与 FTP（文件传输协议）两种类型，它们是计算机之间交换数据的方式，也是两种比较经典的下载方式，其原理非常简单，就是用两种规则（协议）和提供文件的服务器取得联系并将文件搬到自己的计算机中来，从而实现下载的功能。

（2）P2P 技术。P2P 即 Peer to Peer，称为对等连接或对等网络，是一种对等互联网技术。该下载方式与 Web 方式正好相反，该模式不需要服务器，不是在集中的服务器上等待用户端来下载，而是分散在所有 Internet 用户的硬盘上，从而组成一个虚拟网络，在用户机与用户机之间进行传播，也可以说每台用户机都是服务器。讲究"人人平等"的下载模式，每台用户机在自己下载其他用户机上文件的同时，还提供被其他用户机下载的作用，所以使用该种下载方式的用户越多，其下载速度就会越快。

拓展任务

1. 进行迅雷的属性设置，实现迅雷的批量下载任务。

2. 为了避免同时下载单个或多个文件时占用大量宽带，影响其他网络程序，迅雷提供了限速下载的功能，这样既可以实现下载任务又能快速浏览网页，请动手进行设置。

做一做

使用"迅雷 9"下载"猎豹浏览器"安装程序。

任务2　云存储——百度网盘

云存储是在云计算概念上延伸和发展出来的一个新的概念，是一种新兴的网络存储技术，是指通过集群应用、网络技术或分布式文件系统等功能，将网络中大量各种不同类型的存储设备通过应用软件集合起来协同工作，共同对外提供数据存储和业务访问功能的系统。

任务分析

百度网盘（原百度云）是百度推出的一项云存储服务，专注于个人存储、备份功能，覆盖主流的 PC 和手机操作系统（包括 Windows 版、Mac 版、Android 版、iPhone 版和 Windows Phone 版等）。用户可以轻松将自己的文件上传到网盘上，并可跨终端随时随地查看和分享。

任务实施

通过百度搜索引擎找到需要的软件，实现安装。

【步骤1】输入网址 https://pan.baidu.com/download，打开百度网盘主页。单击"下载 PC 版"按钮，下载并安装软件，如图 6-2-1 所示。安装完成后，主界面如图 6-2-2 所示。

图 6-2-1 百度网盘安装界面

图 6-2-2 百度网盘主界面

百度网盘分
享文件链接

　　【步骤 2】在百度网盘主界面中单击"上传"按钮，可以选择自己需要上传的文件。上传完成后，在主界面中会出现刚上传的文件。在界面左侧还有分类显示，如图片、文档、视频、种子、音乐、应用或其他。选中一个文件后，还可以单击左上角的"下载"或"删除"按钮，将文件下载到本地或从服务器上删除。

　　在百度网盘主界面中单击页面上端的"分享"图标，选择要分享的文件，确定后，再选择要分享的好友（需要提前添加），如图 6-2-3 所示。

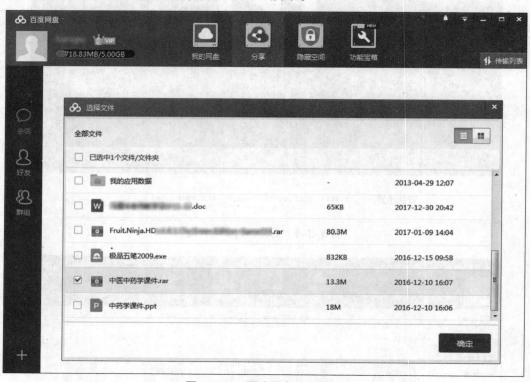

图 6-2-3　百度网盘分享界面

　　【步骤 3】在百度网盘主界面中右上角找到"设置"选项，可以对网盘进行设置（如显示桌面悬浮框等），如图 6-2-4 所示。

　　此外，百度网盘主界面的"隐藏空间"模块下可以存放个人私密文件；百度网盘主界面的"功能宝箱"模块可以实现手机忘带（查询近 3 天手机上的通话记录、短信）、自动备份本地文件夹等功能。

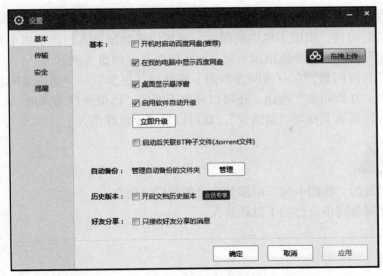

图 6-2-4　百度网盘的设置

相关知识

1. 网盘和 U 盘的区别

（1）扩展性不同。网盘可以付费，扩展容量；U 盘无法扩展容量。

（2）使用方式不同。网盘依赖网络，把文件上传到网络空间去使用。U 盘可直接存储。

（3）安全性不同。如果保护好密码，网盘不容易被盗；U 盘则容易丢失。

（4）方便性不同。只要有网络，就可以随时随地查看网盘文件。如果忘带 U 盘，只能去取 U 盘。

（5）分享的方便性不同。如果想分享文件给对方，创建网盘分享链接，别人即可下载。U 盘只能复制文件后发给对方或借给对方复制。

2. 常用的网盘

网盘产品众多，国外有 OneDrive，国内有百度云盘、360 云盘（企业云服务）、腾讯微云、天翼云盘等。

拓展知识

1. 百度网盘新增 "我的卡包" 功能

用户进入百度网盘网页版的首页即可看到系统提示，"新增我的卡包，证件存储更加安全！" "我的卡包" 采用文件夹的方式排列在文件列表中，单击该文件夹后会提示用户设置二级密码，以后每次打开 "我的卡包" 都需要输入该二级密码。

目前支持的证件类型包括身份证、驾驶证、行驶证、社保卡、护照、港澳通行证、房产证、不动产证共 8 种证件，添加后单击卡片后即可看到具体的证件号码。

整体来看，百度网盘这一功能方便用户不用携带实体卡片，需要时直接打开百度网盘查询即可，而二级密码的存在一定程度上也保证了资料的安全性。

2. 使用百度网盘同步管理手机联系人

在更换手机的时候，把旧手机中的照片、通讯录等数据录入到新手机中是一个烦琐的过程，而百度网盘可以随时同步通信录。以 iOS 系统的百度网盘为例。

首先，打开百度网盘，在百度网盘界面下面选择"更多"→"通讯录同步"选项，在出现的页面中单击"立即同步"按钮，还可以开启下面的"通讯录自动同步"；然后，在 PC 版网页端的"更多"页面下找到"通讯录"，就可以管理手机联系人了。

拓展任务

1. 在百度网盘的"我的卡包"中添加自己的身份证信息。
2. 通过百度网盘同步自己的手机联系人。

做一做

注册自己的百度账号，安装百度网盘。自己新建并上传一个文本文件，并生成"链接分享"发送给好友。

项目 7

系统管理工具

- ■ 系统优化——Windows 优化大师
- ■ 系统备份——一键 Ghost
- ■ 硬件管理——鲁大师
- ■ 磁盘管理——傲梅分区助手
- ■ 虚拟光驱——UltraISO 软碟通

伴随着信息技术的高速发展，计算机已经成为人们学习、办公的得力助手。然而，计算机系统在使用了一段时间后，往往会出现启动缓慢、卡顿甚至死机的现象。人们可以借助功能丰富的系统管理工具恢复计算机系统的高效运行。本项目从系统优化、系统备份、硬件管理、磁盘管理、虚拟光驱等 5 个方面入手详细讲解多款系统管理工具的应用技巧，为用户全面掌握系统管理工具打下坚实基础。

能力目标 ⇨ 　1. 掌握 Windows 优化大师优化系统的技巧。

　　　　　　　2. 学会应用一键 Ghost 备份操作系统。

　　　　　　　3. 学会应用鲁大师管理系统硬件。

　　　　　　　4. 理解磁盘分区，能使用分区软件对硬盘进行合理分区和调整。

　　　　　　　5. 熟悉光盘格式，可以使用相关软件制作光盘映像，并刻录光盘。

任务1　系统优化——Windows优化大师

计算机系统经过一段时间的使用速度往往会变慢，这时需要利用优化软件对系统进行"瘦身"，恢复系统活力。

任务分析

很多应用程序在安装到系统后默认随系统启动，与此同时，用户使用计算机办公和娱乐又会在系统中留下大量的临时文件。定期应用优化软件帮助系统减负才能保障计算机可靠运转。下面使用 Windows 优化大师按以下步骤来优化系统。

（1）设定系统中的启动项目。

（2）清理系统中的垃圾文件。

任务实施

一、设定系统中的启动项目

【步骤 1】启动 Windows 优化大师，选择左侧窗格"系统优化"下的"开机速度优化"选项，如图 7-1-1 所示。

【步骤 2】在优化设置窗口的右侧窗格中选中开机时不需要自动运行的项目，然后单击"优化"按钮，执行结果如图 7-1-2 所示，此时退出 Windows 优化大师并重启计算机，发现刚才选中的项目不再随系统启动。

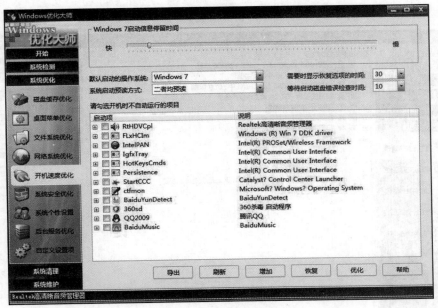

图 7-1-1　优化设置

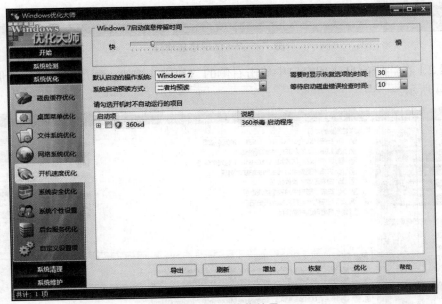

图 7-1-2　优化结果

【小提示】

　　设置开机自动运行的项目时，只需要选择杀毒软件等必须随系统一起启动的项目，来节省系统的启动时间。

二、清理系统中的垃圾文件

　　【步骤 1】在 Windows 优化大师主界面中选择左侧窗格"系统清理"下的"注册信息清

理"选项，如图 7-1-3 所示。

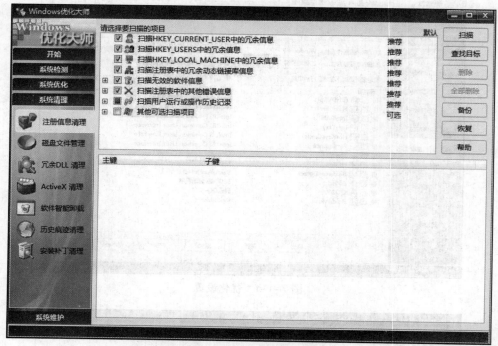

图 7-1-3　注册信息清理

【步骤 2】在注册信息清理窗口中单击右侧的"扫描"按钮，程序开始扫描注册表，结果如图 7-1-4 所示。

图 7-1-4　注册信息扫描结果

【步骤 3】在注册信息扫描结果窗口中单击右侧的"备份"按钮，完成注册表备份操作。

【小提示】

在删除注册表信息前，需要先备份注册表。如果注册表信息删除后系统运行出现异常情况，可以借助备份的注册表将系统还原到删除操作前的状态。

【步骤 4】在注册信息扫描结果窗口中单击右侧的"全部删除"按钮，弹出注册信息删除提示框如图 7-1-5 所示。

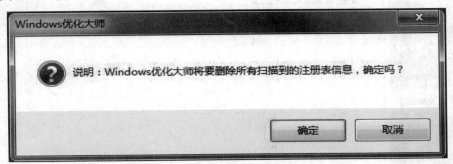

图 7-1-5　注册信息删除提示框

【步骤 5】在注册信息删除提示框中单击"确定"按钮，完成注册表清理操作，如图 7-1-6 所示。

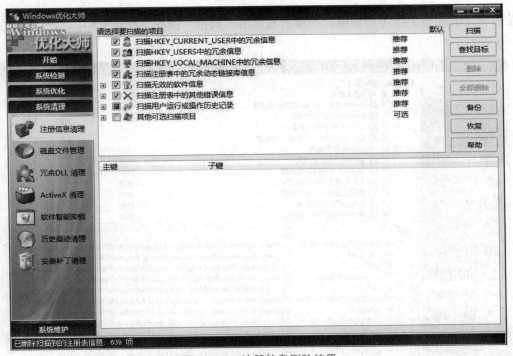

图 7-1-6　注册信息删除结果

【步骤 6】然后，在 Windows 优化大师主界面中选择左侧窗格"系统清理"下的"历史痕迹清理"选项，如图 7-1-7 所示。

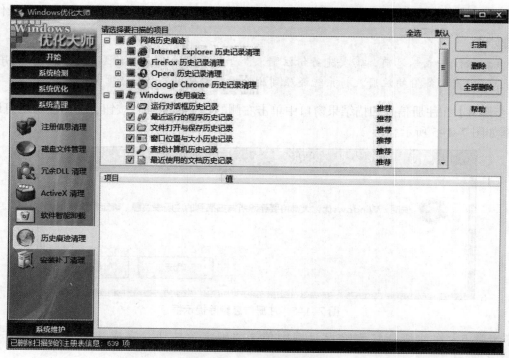

图 7-1-7　历史痕迹清理

【步骤 7】在历史痕迹清理窗口中单击右侧的"扫描"按钮，程序开始扫描历史痕迹，结果如图 7-1-8 所示。

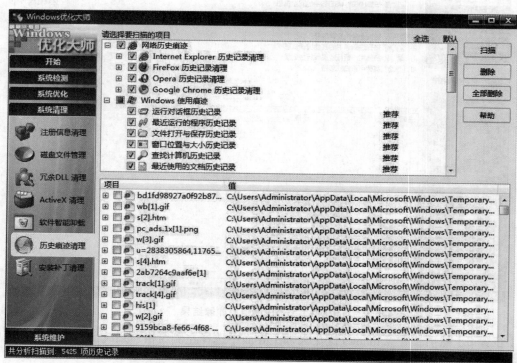

图 7-1-8　历史痕迹扫描结果

【步骤8】在历史痕迹扫描结果窗口中单击右侧的"全部删除"按钮，弹出历史痕迹删除提示框如图 7-1-9 所示。

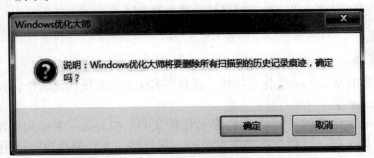

图 7-1-9　历史痕迹删除提示框

【步骤9】在历史痕迹删除提示框中单击"确定"按钮，完成历史痕迹清理操作，如图 7-1-10 所示。

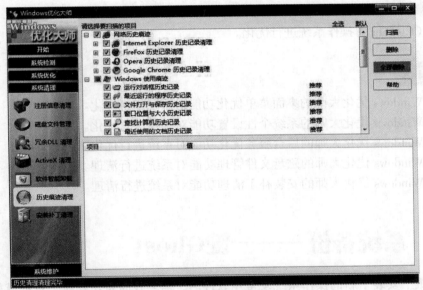

图 7-1-10　历史痕迹删除结果

相关知识

1. 历史记录

历史记录是 Windows 系统和应用软件记录用户历史操作的文件，主要包括操作系统使用记录、浏览器访问记录、应用软件使用记录。该记录在方便用户查找过往操作信息的同时，随着时间的推移也会给系统带来巨大的存储和访问压力，甚至成为不法分子窃取用户信息的不设防地带，所以一定要养成定期清理历史记录的好习惯。

2. 系统注册表

系统注册表是 Windows 系统最核心的数据库，它直接控制着系统的启动、硬件驱动的装载和一些 Windows 应用程序的运行。人们在安装、卸载应用程序或更新系统驱动时，都会修改注册表中的相应键值信息，长时间的修改操作会在注册表中留下大量的无用键值甚至破坏注册表。如果系统注册表受到破坏，轻则会造成操作系统启动异常，重则会导致操作系统完全瘫痪，所以要定期清理注册表并及时做好注册表备份。

拓展知识

除了上面介绍的 Windows 优化大师外，还有许多优秀的系统优化软件，如 360 安全卫士、超级兔子、CCleaner 等。

CCleaner 是一款免费的系统优化和隐私保护工具。CCleaner 主要用来清除 Windows 系统不再使用的垃圾文件，以腾出更多硬盘空间。它的另一大功能是清除使用者的上网记录。CCleaner 的体积小，运行速度极快，可以对文件夹、历史记录、回收站等进行垃圾清理，并可对注册表进行垃圾项扫描、清理。

拓展任务

请使用 CCleaner 对操作系统进行优化。

做一做

1. 使用 Windows 优化大师的桌面菜单优化功能对系统进行优化。
2. 使用 Windows 优化大师的系统个性设置功能对系统进行优化。
3. 使用 Windows 优化大师的后台服务优化功能对系统进行优化。
4. 使用 Windows 优化大师的磁盘文件管理功能对系统进行清理。
5. 使用 Windows 优化大师的安装补丁清理功能对系统进行清理。

任务2　系统备份——一键Ghost

在计算机上安装了新的操作系统及常用软件后，需要及时备份系统，这样就能在系统崩溃时使用系统备份文件轻松还原系统。

任务分析

计算机操作系统在病毒感染或软件异常安装的情况下可能无法正常启动，比起费时费力地重新安装系统，只需要提前做好系统备份工作就能便捷地利用备份文件恢复系统。这里用一键 Ghost 软件来备份系统。

任务实施

一键Ghost
软件安装
过程

【步骤 1】启动一键 Ghost，窗口如图 7-2-1 所示。
【步骤 2】在"一键 Ghost"窗口中单击"安装"按钮，弹出"安装"对话框，如图 7-2-2 所示。

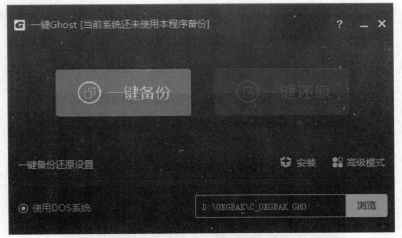

图 7-2-1　"一键 Ghost"窗口

图 7-2-2　"安装"对话框

【小提示】
　　一键 Ghost 软件无须安装即可对系统进行备份、还原操作，这里选择启动菜单安装是为了在操作系统崩溃时能够通过启动菜单运行本软件，进而顺利完成操作系统的还原任务。

　　【步骤3】在"安装"对话框中设置相关选项，然后单击"安装"按钮，弹出安装成功提示框，如图 7-2-3 所示。

图 7-2-3　安装成功提示框

【步骤 4】单击"确定"按钮，重启系统，在启动菜单中选择"OneKey Recovery Genius [DOS]"选项，如图 7-2-4 所示。

图 7-2-4　启动菜单

【步骤 5】在弹出的功能对话框中单击"备份系统"按钮，如图 7-2-5 所示。

图 7-2-5　功能对话框

【步骤 6】系统备份自动执行，备份完成后计算机自动重启。

【小提示】

　　非系统盘同样可以使用一键 Ghost 进行备份；在完成系统备份后，就可以通过启动菜单调用一键 Ghost 在必要时对系统进行还原。

相关知识

1. Ghost 系统

　　Ghost 系统是指应用美国赛门铁克公司开发的 Ghost 软件对安装好的操作系统进行克隆所生成的镜像系统，该系统通常被保存为一个扩展名为 .gho 的文件。当计算机操作系统无法正常工作时，可以便捷地利用备份的 gho 文件还原操作系统。

2. Windows 系统还原

　　Windows 系统还原指的是系统自带的还原程序依据已创建的还原文件对操作系统进行还原的操作。该还原程序自动监控系统文件如注册表、本地配置文件的变更并自动记录、存储变更之前的状态，不会改变图形、文档、电子邮件等用户个人数据。这种还原方式可以在不重装系统及不破坏用户数据的前提下让濒于崩溃的系统恢复正常工作。

拓展知识

　　Ghost 系统不只用于还原备份计算机的系统盘，如果对该系统进行优化并添加常用驱动程序，它就能在任意计算机中还原操作系统。选用一款稳定实用的 Ghost 系统作为装机系统已为越来越多的用户所认同。

拓展任务

请从互联网上下载一款 Ghost Windows7 系统并用该系统还原计算机系统盘。

操作提示:通过开机启动菜单运行前面安装的一键 Ghost 软件,借助该软件的"还原系统"功能将下载的 Ghost 系统还原到计算机系统盘,注意在还原前一定要做好原系统的备份工作。

做一做

1. 使用一键 Ghost 软件将本任务中生成的系统备份文件还原到系统盘。
2. 使用一键 Ghost 软件生成 D 盘数据的备份文件并将其保存在系统最后一个磁盘上。
3. 使用一键 Ghost 软件将上题生成的 D 盘数据的备份文件还原到 D 盘。

任务3　硬件管理——鲁大师

为了延长计算机的使用寿命,提高计算机的运行效率,用户必须了解自己计算机的硬件配置并对之进行有效的管理。

任务分析

计算机在安装新系统后性能不佳多半是由硬件驱动异常安装、硬件防护不到位等问题造成的,所以有必要安装一款硬件管理工具来协助操作系统对硬件设备进行有效管理。下面使用鲁大师来管理系统硬件。

任务实施

【步骤 1】启动鲁大师,主界面如图 7-3-1 所示。

图 7-3-1　鲁大师主界面

【步骤2】在鲁大师主界面中单击"硬件体检"按钮开始检查硬件，运行结果如图7-3-2所示。

图 7-3-2　体检结果

【步骤3】在体检结果窗口单击"一键修复"按钮开始修复计算机，修复结果如图7-3-3所示。

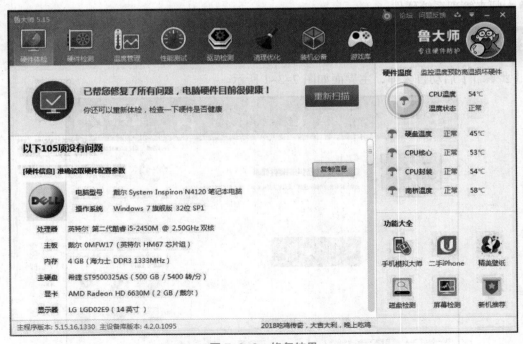

图 7-3-3　修复结果

【步骤 4】在鲁大师主界面中选择"温度管理"界面中的"节能降温"选项卡，如图 7-3-4 所示。

图 7-3-4   节能降温设置

【步骤 5】选中"智能降温"单选按钮，实现系统温度智能管理。

【步骤 6】在鲁大师主界面中单击"驱动检测"图标，鲁大师自动检测硬件驱动，检测结果如图 7-3-5 所示。

图 7-3-5   检测结果

【步骤 7】在检测结果窗口选中"下列驱动有新版本升级"复选框，然后单击"一键安装"按钮完成驱动升级。

【步骤 8】在检测结果窗口选择"驱动管理"界面中的"驱动备份"选项卡，如图 7-3-6 所示。

鲁大师管理计算机硬件驱动

图 7-3-6　驱动备份

【步骤 9】在"驱动备份"选项卡中选中"下列设备驱动未备份"复选框，然后单击"开始备份"按钮完成驱动备份。

【小提示】

　　在驱动升级失败或重装了操作系统的情况下，能方便地用备份文件还原设备驱动。

【步骤 10】在鲁大师主界面单击右上角的 按钮，在出现的下拉菜单中选择"设置"选项，弹出"鲁大师设置中心"对话框，如图 7-3-7 所示。

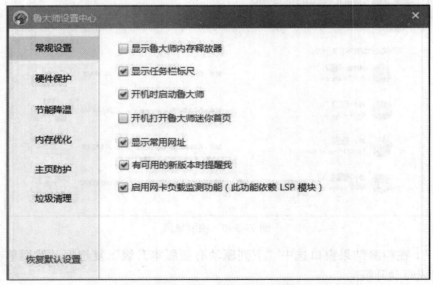

图 7-3-7　"鲁大师设置中心"对话框

【步骤 11】在"鲁大师设置中心"对话框中选择左侧的"硬件保护"选项并设置保护参数，如图 7-3-8 所示。

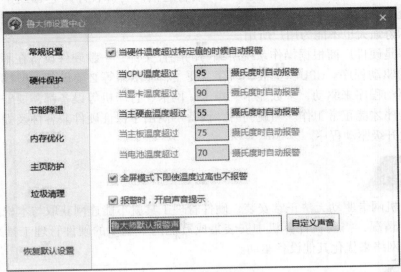

图 7-3-8 硬件保护设置

【步骤 12】在"鲁大师设置中心"对话框中选择左侧的"内存优化"选项并设置优化参数，如图 7-3-9 所示，至此完成硬件管理配置。

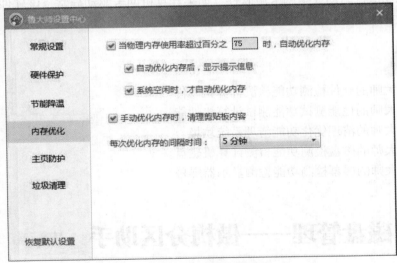

图 7-3-9 内存优化设置

相关知识

1. 计算机硬件

计算机硬件是指组成计算机的各种看得见、摸得着的实际物理设备，主要包括 CPU（中央处理单元）、主板、内存、硬盘、显卡、声卡、网卡、光驱、显示器、键盘、鼠标等元器件。这些设备在操作系统的统一管理下将我们带入了神奇的计算机世界。

2. 设备驱动程序

设备驱动程序是能够实现计算机系统和设备通信的特殊程序，它相当于硬件设备的接口，操作系统只有借助这个接口才能控制硬件设备正常工作，因此没有正确安装驱动程序的设备参数指标再强大也不能为用户所用。

驱动程序是硬件厂商根据操作系统所编写的配置文件，一款硬件设备在不同的操作系统中需要不同的驱动程序。CPU、主板、内存、硬盘、显示器等必要设备一般都可用操作系统自带的标准驱动程序来驱动，多数显卡、声卡、网卡、打印机等设备都需要安装与设备型号对应的驱动程序才能正常工作。与此同时，设备厂商出于保证硬件兼容性及提升硬件功能的目的会不断地升级驱动程序。

拓展知识

如果计算机网卡驱动无法正常安装，硬件管理工具就不能连网获取与本机匹配的设备驱动。遇到这种情况，需要在计算机中安装集成万能网卡驱动的硬件管理工具来正确配置网卡，进而借助网络来优化其他设备驱动。

拓展任务

使用驱动人生网卡版软件管理系统硬件。

操作提示：运行驱动人生网卡版软件，如果计算机网卡驱动异常，该软件会自动从本地数据库为网卡搜索安装驱动。

做一做

1. 使用鲁大师的硬件检测功能检测计算机硬件。
2. 使用鲁大师的性能测试功能测试计算机性能。
3. 使用鲁大师的清理优化功能清理系统垃圾。
4. 使用鲁大师的磁盘检测功能检测计算机磁盘。
5. 使用鲁大师的屏幕检测功能检测显示器屏幕。

任务4　磁盘管理——傲梅分区助手

"磁盘管理"是计算机管理的一个重要组成部分。利用磁盘管理工具可以一目了然地列出所有磁盘情况，对各个磁盘分区进行管理操作。对于新手来说，磁盘管理工具可以让他们完成一些针对硬盘的重要操作。

任务分析

傲梅分区助手是一款免费、专业级的无损分区工具，提供简单、易用的磁盘分区管理操作。作为传统分区魔法师的替代者，在操作系统兼容性方面，傲梅分区软件打破了以前的分区软件兼容差的缺点，它完美兼容全部操作系统。不仅如此，分区助手从调整分区大小等方面出发，能无损数据地实现扩大分区、缩小分区、合并分区、拆分分区、快速分区、克隆磁盘等操作。此外，它也能迁移系统到固态硬盘，是一款优秀的分区工具。

任务实施

【步骤 1】输入网址 http://www.disktool.cn/index.html，打开傲梅科技主页，单击"下载分区助手"按钮，下载并安装软件。安装完成后，主界面如图 7-4-1 所示。

傲梅分区
助手增加
分区增大
C盘空间

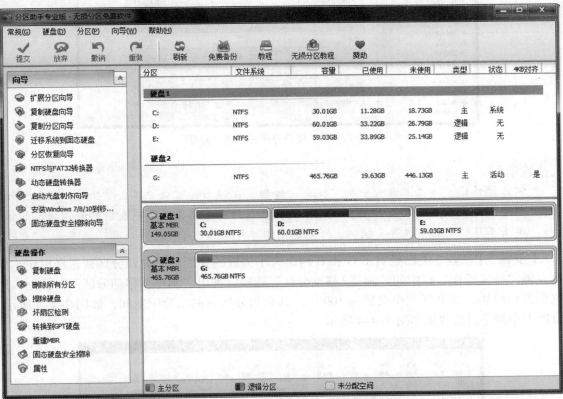

图 7-4-1　分区助手主界面

【小提示】

　　分区助手拥有 3 个版本，专业版、绿色版和 WinPE 版。其中，绿色版不需要安装，简单解压缩即可使用。WinPE 版用于集成到 Windows 预安装环境中，是为安装 Windows 而准备的。

【步骤 2】磁盘情况如图 7-4-1 所示，可以看到硬盘 2 上只有一个分区 G，约 500GB，没有更多的分区。下面在 G 盘的基础上快速创建一个新的分区。选中 G 盘，选择程序主界面左侧"分区操作"栏中的"创建分区"选项，弹出"创建分区"对话框，在"新分区大小"数值框中输入新分区的大小，单击"确定"按钮，即可创建 H 盘，如图 7-4-2 所示。

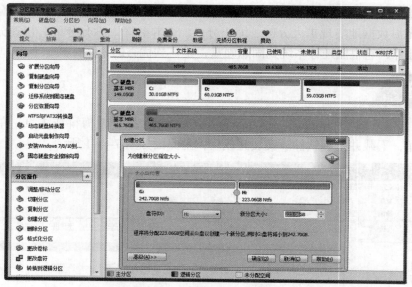

图 7-4-2　使用分区助手创建分区

【小提示】

完成操作后，单击工具栏中的"提交"按钮，在弹出的窗口中单击"执行"按钮，操作过程中可能要重启计算机，单击"是"按钮让程序在重启模式下完成这些等待执行的操作。单击工具栏中的"放弃"按钮，可以取消刚才的操作。

【步骤3】硬盘2上已经有了G和H两个大小接近的分区，选中G分区，选择程序主界面左侧"分区操作"栏中的"调整/移动分区"选项，弹出"调整并移动分区"对话框，用鼠标调整滑块，将分区大小设置为100GB，其余为分区后的未分配空间，如图7-4-3所示。分区大小调整后的效果如图7-4-4所示。

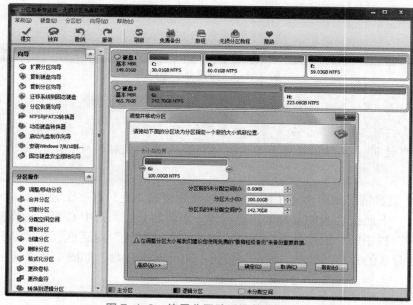

图 7-4-3　使用分区助手调整分区大小

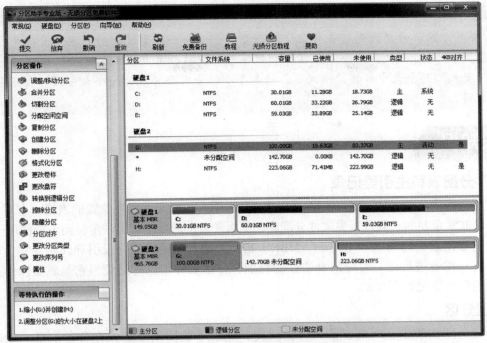

图 7-4-4　分区大小调整后的效果

【步骤 4】选中 H 分区，选择程序主界面左侧"分区操作"栏中的"合并分区"选项，弹出"合并分区"对话框，选中需要合并的未分配空间（当有多个未分配空间时可以同时选中多个），然后单击"确定"按钮，如图 7-4-5 所示。

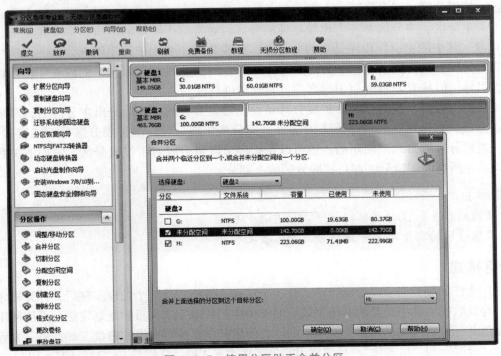

图 7-4-5　使用分区助手合并分区

相关知识

1. 文件分配表和主引导记录

　　文件分配表（File Allocation Table，FAT）是指用来记录文件所在位置的表格。它对于硬盘的使用是非常重要的，假若丢失文件分配表，那么硬盘上的数据就无法定位而不能使用了。

　　主引导记录（Main Boot Record，MBR）是位于磁盘最前边的一段引导代码，它负责磁盘操作系统对磁盘进行读写时分区合法性的判别、分区引导信息的定位，它是磁盘操作系统在对硬盘进行初始化时产生的。

2. 硬盘分区

　　硬盘分区实质上是对硬盘的一种格式化，然后才能使用硬盘保存各种信息。创建分区时，就已经设置好了硬盘的各项物理参数，指定了硬盘主引导记录和引导记录备份的存放位置。而对于文件系统以及其他操作系统管理硬盘所需要的信息则是通过之后的高级格式化，即 Format 命令来实现。但不论划分了多少个分区，也不论使用的是 SCSI 硬盘还是 IDE 硬盘，必须把硬盘的主分区设定为活动分区，才能够通过硬盘启动系统。MBR 下的硬盘分区有 3 种，主分区、扩展分区、逻辑分区。

　　（1）主分区。主分区是一个比较单纯的分区，通常位于硬盘的最前面一块区域中，构成逻辑 C 盘。其中的主引导程序是它的一部分，此段程序主要用于检测硬盘分区的正确性，并确定活动分区，负责把引导权移交给活动分区的 DOS 或其他操作系统。此段程序损坏将无法从硬盘引导，但从 U 盘或光驱引导之后可对硬盘进行读写。

　　（2）扩展分区和逻辑分区。扩展分区是硬盘磁盘分区的一种。分出主分区后，其余的部分可以分成扩展分区，一般是剩下的部分全部分成扩展分区。但扩展分区是不能直接用的，它是以逻辑分区的方式来使用的，也可以说扩展分区可分成若干逻辑分区，它们的关系是包含的关系，所有的逻辑分区都是扩展分区的一部分。

3. 分区格式

　　工厂生产的硬盘必须经过低级格式化、分区和高级格式化 3 个处理步骤后，计算机才能利用它们存储数据。其中磁盘的低级格式化通常由生产厂家完成，目的是划定磁盘可供使用的扇区和磁道并标记有问题的扇区；而用户则需要使用操作系统所提供的磁盘工具或第三方程序进行硬盘"分区"和"格式化"。目前常用的分区格式有 3 种，分别是 FAT32、NTFS 和 Linux。

拓展知识

1. 硬盘分区格式转换

硬盘分区格式转换是将硬盘分区的文件储存格式进行更换，有无损转换和格式化转换两种。无损转换是指在不更改或删除硬盘分区中的数据的情况下进行转换，风险较高，转换方式通常是用分区助手等磁盘工具转换。格式化转换则是将分区中的数据全删除后格式化为另一种格式。

NTFS 分区相比于 FAT32 有更多的优越性，例如，NTFS 文件系统支持 EFS 加密，支持单个文件的大小超过 4GB，支持分区的大小超过 2TB 等。但 FAT32 最明显的缺点就是任何文件的大小不能超过 4GB，FAT32 分区的大小最大只能是 2TB。基于这些原因，有很多用户可能都需要选择将 FAT32 分区转换或升级成 NTFS 分区。

傲梅分区助手提供了"NTFS 与 FAT32 转换器"，它是一个 NTFS 与 FAT32 的互转工具。可以"安全地转换 FAT 或 FAT32 到 NTFS 分区"，或者"无损数据地将 NTFS 分区转换到FAT32"。

2. 其他常用磁盘管理工具

PowerQuest Partition Magic 是老牌的硬盘分区管理工具，后被 Norton 收购改称为 Norton Partition Magic。Partition Magic 的最大特点是允许在不损失硬盘中原有数据的前提下对硬盘进行重新设置分区、分区格式化以及复制、移动、格式转换和更改硬盘分区大小、隐藏硬盘分区，以及多操作系统启动设置等操作。

Paragon Partition Manager 是一个类似于 PQ Partition Magic 的磁盘分区工具集，是一套磁盘管理软件，提供了一种简易可靠的硬盘分区和全面管理硬盘的方法。它提供了创建、复制、重新分配和移动硬盘分区的功能。

易我分区管理大师为分区管理、磁盘 / 分区克隆、分区恢复及系统性能优化提供完美的解决方案，是一体化分区管理软件，可以安全、简单地调整分区。

拓展任务

1. 在命令行方式下将 FAT32 格式的 D 盘转换到 NTFS 格式。

操作提示：在"开始"菜单中选择"运行"选项，在打开的"运行"对话框的"打开"文本框中输入"CMD"并单击"确定"按钮。在打开的命令行窗口中输入"convert D: /fs:ntfs"并按 Enter 键。

2. 使用傲梅分区助手的"NTFS 与 FAT32 转换器"将 NTFS 格式的 D 盘转换到 FAT32 格式。

做一做

使用傲梅分区助手将 D 盘划分出 10GB，分给 C 盘。

任务5　虚拟光驱——UltraISO软碟通

随着大容量硬盘的普遍采用,人们已经习惯将光盘复制成光盘映像文件使用,普遍采用的是 ISO 9660 国际标准格式,因此光盘映像文件也简称为 ISO 文件。因为 ISO 文件保留了光盘中的全部数据信息(包括光盘启动信息),可以方便地采用常用光盘刻录软件(如 Nero Burning-ROM)通过 CD-R/RW 刻录成光盘,也可以通过虚拟光驱软件(如 Daemon-Tools)直接使用。

任务分析

UltraISO 是一款功能强大、方便实用的光盘映像文件制作、编辑、格式转换工具,它可以直接编辑光盘映像、从映像中直接提取文件,也可以从 CD-ROM 制作光盘映像、将硬盘上的文件制作成 ISO 文件。同时,它还可以处理 ISO 文件的启动信息,从而制作可引导光盘。

任务实施

UltraISO软
碟通制作并
使用光盘映
像文件

【步骤1】输入网址 https://cn.ultraiso.net/,打开 UltraISO 软碟通中文官方网站。单击"下载"栏目的"免费下载试用"按钮,下载并安装软件。安装完成后,主界面如图 7-5-1 所示。

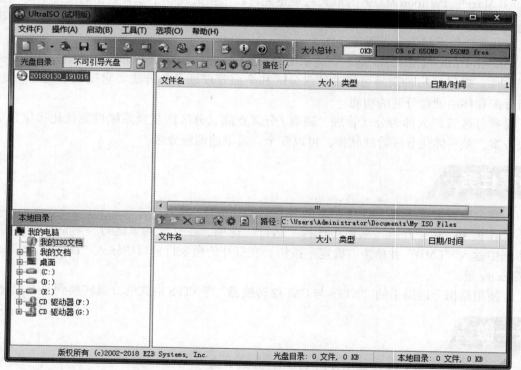

图 7-5-1　UltraISO 主界面

【步骤2】在光驱中放入一张光盘,选择"工具"→"制作光盘映像文件"选项,弹出"制作光盘映像文件"对话框,设置相关参数,可以将光盘制作成 ISO,保存在硬盘上,用于虚拟或刻录,如图 7-5-2 所示。制作 ISO 完毕后,可以取出光盘,在需要时,选择"工具"→"加载到虚拟光驱"选项，就可以查看光盘内容。放入光盘时，和加载虚拟光驱后的对比，如图 7-5-3 所示（上半部图表示的是放入真实光盘，下半部图表示的是仅加载虚拟光驱）。

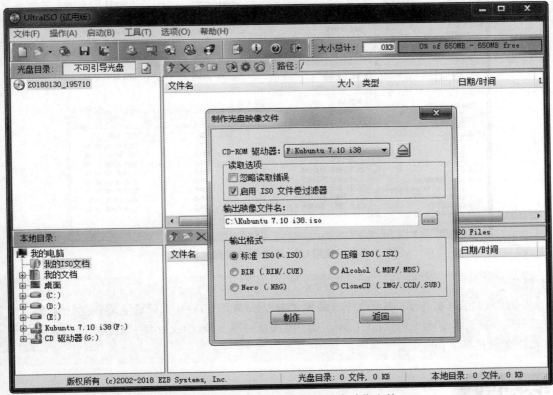

图 7-5-2　使用 UltraISO 制作光盘映像文件

图 7-5-3　UltraISO 加载虚拟光驱前后对比

【小提示】
　　UltraISO 采用逐扇区复制方式，因此可以制作启动光盘的映像，刻录后仍然能启动。但是，目前不支持音乐光盘、VCD 光盘和加密游戏盘的复制。

　　【步骤 3】选择"文件"→"新建"→"数据光盘映像"选项，创建新的 ISO 文件。在"本地目录"窗格中选择需要添加的文件或文件夹，单击"添加"按钮（或右击，在弹出的快捷菜单中选择"添加"选项）添加到"光盘目录"中，如图 7-5-4 所示。

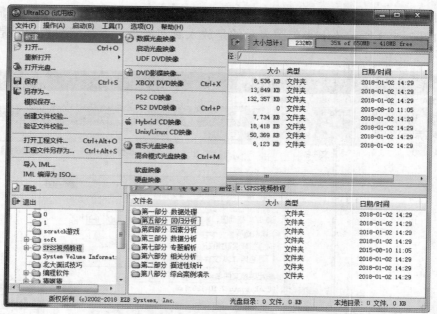

图 7-5-4　使用 UltraISO 制作数据光盘映像

【小提示】

　　UltraISO 可以制作 10GB 的 DVD 映像文件，如果是 CD-R，注意主界面右上角的"大小总计"，避免容量超出限制。另外，制作 DVD 映像文件建议选择"UDF"，制作 CD 映像文件建议选择"Joliet"。

相关知识

1. 映像文件

　　映像文件与镜像文件意思相同，取自英文"image"。它是一种光盘文件信息的完整复制文件，包括光盘所有信息。

　　镜像文件是无法直接使用的，需要利用一些虚拟光驱工具进行处理后才能使用。虚拟光驱的原理与物理光驱一样。例如，买了一张游戏光盘，那么把游戏光盘放入物理光驱就能顺利进行游戏，而虚拟光驱中需要加入的是镜像文件（ISO 文件，相当于游戏光盘），当装载完虚拟光驱以后，计算机中多了一个光驱（虚拟光驱），接着载入镜像文件，以便完成游戏的安装。

　　各种软件创建的镜像文件格式为:标准光盘镜像文件 .iso; Media Descriptor 镜像文件 .mds; CloneCD 镜像文件 .ccd; Nero 镜像文件 .nrg。此外还有 .img、.bin、.vcd 等。

2. 刻录

　　刻录也称为烧录，就是把想要的数据通过刻录机等工具刻制到光盘、烧录卡（GBA）等介质中。市面上存在着 DVD-R/DVD-RW 及 DVD+R/DVD+RW 等不同格式的盘片。

　　刻录软件是为了制作光盘（CD-ROM 和 DVD）的计算机软件。一般也被称为 CD 刻录程序或 DVD 制作软件等。这类程序需要使用光盘刻录机。

刻录一个光盘通常先要创建一个拥有为光盘设计的完整文件系统的光盘映像，然后再把这个映像刻录到光盘上。许多刻录软件可以在一个集成应用程序上创建映像并刻录。

拓展知识

1. 光盘映像格式转换

UltraISO 可以将无法处理的格式转换成 ISO、BIN 或 NRG 格式，供刻录、虚拟软件使用。在 UltraISO 主界面选择"工具"→"格式转换"选项。选择映像文件，指定输出目录和格式，单击"转换"按钮就可以了，如图 7-5-5 所示。

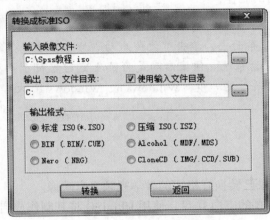

图 7-5-5　UltraISO 格式转换

2. 刻录光盘映像

使用 UltraISO 刻录光盘映像需要 3 个基本条件：映像文件；空白的光盘；刻录机。

在 UltraISO 主界面选择"工具"→"刻录光盘映像"选项。在"刻录光盘映像"对话框中，"刻录机"和"写入方式"采用默认值，选中"刻录校验"复选框，选择"写入速度"和"映像文件"，单击"刻录"按钮开始刻录光盘映像，刻录完毕之后，光驱会自动弹出，如图 7-5-6 所示。

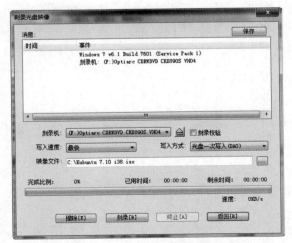

图 7-5-6　UltraISO 刻录光盘映像

3. 制作启动 U 盘

选择"文件"→"打开"选项，选择已下载好的可引导的 ISO 镜像文件。选择"启动"→"写入硬盘镜像"选项。在"写入硬盘映像"界面中，"硬盘驱动器"选择准备好的 U 盘，单击"格式化"按钮，将 U 盘格式化。"写入方式"选择"USB–HDD+"，单击"写入"按钮，即可完成启动 U 盘的制作。

拓展任务

1. 请使用 UltraISO 刻录已转换好格式的教学视频光盘映像。
2. 准备一个容量是 4GB 的空白 U 盘，使用 UltraISO 将其制作成启动 U 盘。

做一做

1. 使用 UltraISO 将准备好的教学资源光盘制作成 ISO，并加载到虚拟光驱中。
2. 使用 UltraISO 制作自己的个人作品数据光盘映像文件，并刻录成光盘。

项目 8

安全防护工具

■ 杀毒工具——360 杀毒

■ 安全辅助工具——360 安全卫士

安全对于每一个人都是非常重要的。在信息社会，越来越多的办公文档与个人资料变成了 0 和 1 的组合，从纸张转移到了计算机。科技的发展让工作和生活变得快捷方便，但同时也让安全问题变得日益严峻。日常生活中，人们浏览网站、下载资源的时候一不小心就可能中了木马和病毒。它们盗取账号、删除资料，开启摄像头偷窥用户隐私，也可能让用户的计算机变成"肉鸡"去攻击他人。为了保证计算机的使用安全，安全防护软件便成为装机必备软件之一。

能力目标 ⇨　1. 掌握常用杀毒软件的使用方法，查找并清除病毒。

2. 了解病毒分类和国内外常见杀毒软件。

3. 能够识别计算机的异常症状，并使用 360 杀毒清除病毒。

4. 学会使用安全辅助软件对系统进行修复和清理。

5. 能够使用 360 安全卫士修复和优化操作系统。

任务1　杀毒工具——360杀毒

杀毒软件，也称为反病毒软件或防病毒软件，是用于消除计算机病毒、特洛伊木马和恶意软件等计算机威胁的一类软件。杀毒软件通常集成监控识别、病毒扫描和清除、自动升级等功能，是计算机防御系统的重要组成部分。

任务分析

360 杀毒是奇虎 360 公司（北京奇虎科技有限公司的简称）推出的一款免费的云安全杀毒软件。它创新性地整合了五大领先查杀引擎，包括国际知名的小红伞病毒查杀引擎、360 云查杀引擎、360 第二代 QVM 人工智能引擎等。360 杀毒软件具有查杀率高、资源占用少、升级迅速等优点，一键扫描、快速诊断系统安全状况，带来安全、专业的查杀防护体验，其防杀病毒能力得到多个国际权威安全软件评测机构认可，荣获多项国际权威认证。

任务实施

通过百度搜索引擎浏览 360 安全中心网页（http://www.360.cn/）找到需要的软件，实现安装。

【步骤1】输入网址"http://sd.360.cn/"，打开 360 杀毒主页。单击"正式版"按钮，下载并安装软件。安装完成后，主界面如图 8-1-1 所示。

360 杀毒软件中提供有"全盘扫描""快速扫描""自定义扫描"及"宏病毒扫描"等功能。通过这些扫描方式可以有针对性地查杀计算机中的病毒。

【步骤2】在 360 杀毒软件主界面中单击"全盘扫描"按钮。随后打开全盘扫描界面，360 杀毒软件使用"速度最快"或"性能最佳"两种扫描方式查找病毒，如图 8-1-2 所示。若有病毒则做出相应的提示，有"暂不处理"和"立即处理"两种方法供选择，如图 8-1-3 所示。

图 8-1-1　360 杀毒主界面

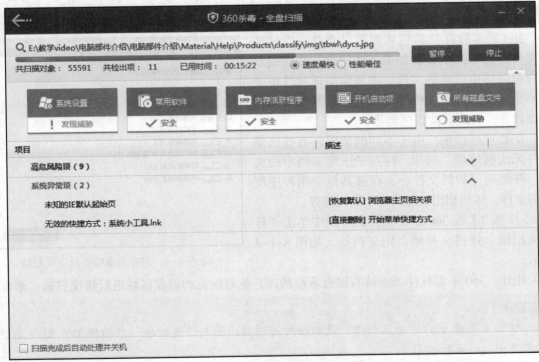

图 8-1-2　360 杀毒软件全盘扫描

图 8-1-3　全盘扫描结果

【小提示】

　　启动扫描之后，会显示扫描进度窗口。在这个窗口中用户可看到正在扫描的文件、总体进度及发现问题的文件。如果希望 360 杀毒软件在扫描完后自动关闭计算机，可以选中"扫描完成后自动处理并关机"复选框。这样在扫描结束之后，360 杀毒软件会自动处理病毒并关闭计算机。

　　360 杀毒软件扫描到病毒后，会首先尝试清除文件所感染的病毒，如果无法清除，则会提示用户删除感染病毒的文件。木马和间谍软件由于并不采用感染其他文件的形式，而是其自身即为恶意软件，因此会被直接删除。

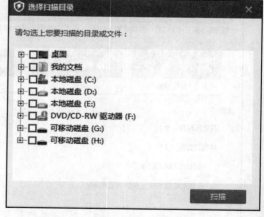

　　在处理过程中，由于不同的情况，有些感染文件无法被处理。例如，存在于压缩文档中的文件、有密码保护的文件、正在被其他应用程序使用的文件、体积超出恢复区大小的文件等。

　　【步骤 3】在 360 杀毒软件主界面中单击"自定义扫描"按钮，开始自定义扫描，如图 8-1-4所示。

图 8-1-4　360 杀毒软件自定义扫描

　　此外，360 杀毒软件还支持右键查杀毒功能，能对指定的磁盘区域进行快速扫描、杀毒。

【小提示】

　　软件主界面中的"全盘扫描"是扫描所有磁盘；而"快速扫描"只扫描 Windows 系统目录及 Program Files 目录。

　　【步骤 4】在 360 杀毒软件主界面的右上角单击"设置"按钮，在弹出的设置界面中可以对软件的升级、多引擎、病毒扫描、实时防护、文件白名单等多项内容进行设置，如图 8-1-5 所示。

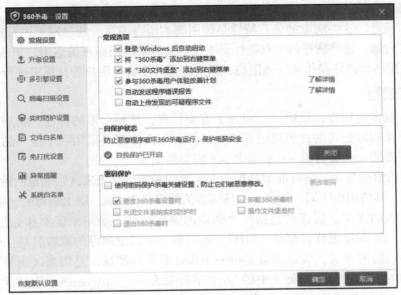

图 8-1-5　360 杀毒软件设置

【步骤 5】360 杀毒软件还有众多实用性的工具包，通过主界面右侧的"功能大全"按钮进入，可以看见很多小工具，更好地对系统进行保护、优化和急救，如图 8-1-6 所示。

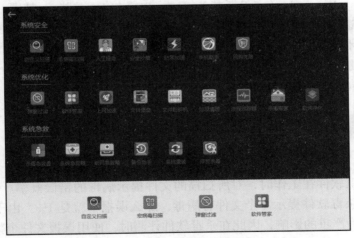

图 8-1-6　360 杀毒软件功能大全

相关知识

1. 病毒分类

（1）系统病毒。这类病毒的公有特性是可以感染 Windows 操作系统的 *.exe 和 *.dll 文件，并通过这些文件进行传播。

（2）蠕虫病毒。这类病毒的公有特性是通过网络或系统漏洞进行传播，绝大部分的蠕虫病毒都有向外发送带毒邮件，阻塞网络的特性。

（3）木马病毒。这类病毒的公有特性是通过网络或系统漏洞进入用户的系统并隐藏，然后向外界泄露用户的信息。

（4）脚本病毒。这类病毒的公有特性是使用脚本语言编写，通过网页进行传播病毒。

（5）玩笑病毒。这类病毒的公有特性是本身具有好看的图标来诱惑用户单击，当用户单击后，病毒会做出各种破坏操作来吓唬用户，其实病毒并没有对用户的计算机进行任何破坏。

2. 病毒命名规则

网络中有很多的病毒，反病毒公司为了方便管理，按照病毒的特性，将病毒进行分类命名。虽然每个反病毒公司的命名规则都不太一样，但大体都是采用一个统一的命名方法来命名的。一般格式是 < 病毒前缀 >.< 病毒名 >.< 病毒后缀 >。

（1）病毒前缀的含义。病毒前缀是指一个病毒的种类，是用来区别病毒的种族分类的。不同种类的病毒，其前缀也不同。例如，木马病毒的前缀是 Trojan，蠕虫病毒的前缀是 Worm 等。

（2）病毒名的含义。病毒名是指一个病毒的家族特征，是用来区别和标识病毒家族的，如曾经著名的 CIH 病毒家族名都是"CIH"，还有震荡波蠕虫病毒的家族名是"Sasser"等。

（3）病毒后缀的含义。病毒后缀是指一个病毒的变种特征，是用来区别具体某个家族病毒的某个变种的。一般都采用英文中的 26 个字母来表示，如 Worm.Sasser.b 就是指震荡波蠕虫病毒的变种 B。如果该病毒变种非常多，可以采用数字与字母混合表示变种标识。

3. 国内外常见杀毒软件

（1）国外杀毒软件。美国：Symantec（诺顿）、McAfee（迈克菲）、NOD32、Comodo。俄罗斯：Dr.WEB（大蜘蛛）、Kaspersky（卡巴斯基）。日本：PC-cillin（趋势）。韩国：Ahnlab（安博士）、Virus Chaser（驱逐舰）。罗马尼亚：BitDefender（比特梵德）。捷克：Avg、Avast。德国：Antivir（小红伞）。西班牙：Panda（熊猫卫士）。

（2）国内杀毒软件有 360 杀毒、微点、瑞星、金山毒霸、江民、百度、费尔托斯特安全、腾讯电脑管家、火绒等。

拓展知识

1. 误报率

误报率是杀毒软件在工作时，对所扫描的文件提示病毒的错误概率。例如，100 个文件都没有病毒，但杀毒软件提示 1 个文件有病毒，那么误报率就是 1%。由于误报会对用户的正常使用造成较为严重的影响，因此在杀毒软件评测时，使用误报文件个数，而不是误报率作为评价指标。

2. 在线杀毒

在线杀毒是一种新型的计算机反病毒手段的网络杀毒形式，它利用新一代的网络技术，结合杀毒软件的杀毒引擎，由反病毒公司的服务器通过互联网对用户的计算机进行远程查毒、杀毒。用户无须购买和安装杀毒软件，也无须升级，只要连接互联网，就可以轻松杀除本地计算机中的病毒。

3. 可疑文件分析网站

可疑文件分析网站与传统杀毒软件的不同之处是它通过多种反病毒引擎扫描文件。使用多种反病毒引擎对用户所上传的文件进行检测，以判断文件是否被病毒、蠕虫、木马，以及各类恶意软件感染。这样大大减少了杀毒软件误杀或未检出病毒的概率，其检测率优于使用单一产品。

目前常见的可疑文件分析网站有 VirusTotal（后被谷歌收购），http://www.virustotal.com/#/home/upload 和 VirSCAN.org 多引擎在线病毒扫描网 http://www.virscan.org/。

4. 国际反病毒认证机构

由于信息安全产品日益表现出的应用价值，国际上越来越多的专业机构致力于对信息安全产品进行评测，以期为用户提供专业的评测数据和建议。目前，在反病毒领域，国际上比较知名和权威的反病毒认证机构主要有三家：AV-Test、AV-Comparatives 和 VB100。

（1）AV-Test 是由马德堡大学和 AV-Test GmbH 于 15 年前开始共同合作的研究计划，各项反病毒测试由技术与商业资讯系统学院的商业资讯系统团队在研究实验室进行。目前，病毒测试实验室由资深业界专家定期做病毒复制、分析与防病毒产品测试。AV-Test 测试是国际权威的第三方独立测试之一，采用大病毒库的样本库进行自动测试，最大限度减少了人为因素对测试结果的干扰，其测试结果被国际安全业界公认为独立客观。

（2）AV-Comparatives 是一家位于奥地利的独立反病毒技术测试机构，由 Andreas Clementi 于 2003 年成立。他们一直在关注反病毒技术，采用包括后门程序、木马程序、邮件蠕虫、脚本病毒及其他各类有害程序在内的数千个病毒样本对杀毒软件的查杀病毒能力进行测试，并根据其综合表现对它们进行排名。由于一直坚持独立运作，AV-Comparatives 保持了很高的公正性。它的测试项目共有 5 项，其中以手动扫描测试和主动式智能扫描测试作为主要测试，每年进行两次；以误报率测试、手动扫描速度测试和变种病毒测试为辅。

（3）VB100 是由一家英国的杂志社 Virus Bulletin（成立于 1989 年）所推出的反病毒产品测试计划。该计划旨在通过对比性地测试，来向其读者推荐适用的计算机反病毒产品。由于其推出时间也有近 10 年，而且本身作为杂志社，擅长市场运作，因此相比于 AV-Test 和 AV-Comparatives 这两个主要针对专业厂商的高级测试来讲，在普通用户群中也具有一定的认知度。

拓展任务

1. 新建一个文本文档，将下面一行文本输入进去，保存文件

X5O!P%@AP[4\PZX54（P^）7CC）7}$EICAR-STANDARD-ANTIVIRUS-TEST-FILE!$H+H*。

然后用杀毒软件来查这个文件，如果报告发现病毒则表示反病毒软件已经安装成功，并有效地维护着计算机的安全。

杀毒软件
有效性测试

操作提示：这行文本是 EICAR 防病毒测试文件，这个文件是欧洲计算机病毒研究机构及防病毒软件公司发展出的，其目的在于设置一个标准，客户按照该标准来确定其防病毒软件是否安装成功。

2. 通过卡巴斯基在线文件扫描网站检测本地文件

首先通过浏览器访问 http://virusdesk.kaspersky.com/，单击网页正中的输入框后的曲别针图标就会弹出一个选择框。从中选择安全性可疑的文件，选择完成以后单击后面的扫描按钮，就可以将文件上传到卡巴斯基的服务器中进行判断。

上传完成后，就会对文件的安全性进行分析，分析结束后会在网页中显示出最终的分析结果。如果检测的文件是安全的，就会用绿色的文字显示出 "File is safe"。如果检测的文件

有问题，那么会用红色的文字显示出"File is infected"。与此同时，还会显示出这个文件的相关信息，包括文件的大小、文件的类型及文件的哈希函数等。

做一做

使用浏览器访问"卡饭论坛"（http://bbs.kafan.cn/），搜索并下载"病毒测试包"（压缩包中全部是病毒程序），使用 360 杀毒软件扫描该文件。

操作提示：病毒测试包中都包含了许多病毒，所以具有一定的危险性。下载该压缩包之后不要解压，直接用 360 杀毒软件检测就可以测试杀毒软件的能力，而且病毒不会对本机造成伤害。

任务2　安全辅助工具——360安全卫士

安全辅助软件是可以帮助杀毒软件的计算机安全产品，主要用于实时监控和查杀流行木马、管理应用软件、修复系统漏洞，同时还提供系统全面诊断、清理系统垃圾，以及系统优化等辅助功能，为每一台计算机提供全方位的系统安全保护。

任务分析

360 安全卫士是一款由奇虎 360 公司推出的功能强、效果好、受用户欢迎的安全辅助工具。360 安全卫士拥有查杀木马、清理插件、修复漏洞、电脑体检、系统急救、保护隐私、电脑专家、清理垃圾、清理痕迹多种功能。

任务实施

通过百度搜索引擎浏览 360 安全中心网页（http://www.360.cn/）找到需要的软件，实现安装。

【步骤1】输入网址"http://weishi.360.cn/"，打开 360 安全卫士主页。单击"立即下载"或"离线安装包"按钮，下载并安装软件。安装完成后，主界面如图 8-2-1 所示。

图 8-2-1　360 安全卫士主界面

【步骤 2】在主界面中单击"立即体检"按钮，可以对计算机进行详细的检查，如图 8-2-2 所示。体检完毕后，单击"一键修复"按钮，修复查出的全部问题，如图 8-2-3 所示。

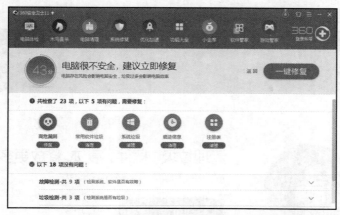

图 8-2-2　360 安全卫士电脑体检完毕

图 8-2-3　360 安全卫士电脑体检修复完毕

【步骤 3】在"木马查杀"界面中可以使用五大引擎（360 云查杀引擎、360 启发式引擎、QEX 脚本查杀引擎、QVM 人工智能引擎、小红伞本地引擎）提升防御能力，对本机进行快速、全盘或按位置查杀，最大限度地保护系统安全，如图 8-2-4 所示。

图 8-2-4　360 安全卫士"木马查杀"界面

【步骤4】在"电脑清理"界面中单击"全面清理"按钮可以清理垃圾、插件和痕迹，释放计算机更多的空间，如图8-2-5所示。扫描完毕后，选中需要清理的项目，单击"一键清理"按钮，即可清理垃圾，释放计算机空间，如图8-2-6所示。

图 8-2-5　360 安全卫士"电脑清理"界面

图 8-2-6　360 安全卫士电脑清理扫描完毕

【步骤5】"系统修复"模块主要是进行系统漏洞修复，360 安全卫士会显示需要安装的每个补丁的编号、作用、发布时间和体积大小。由于需要逐个下载补丁，可能会耗时较长，单击"后台修复"按钮可以将窗口隐藏到任务栏，不影响用户的其他工作，如图8-2-7所示。

图 8-2-7　360 安全卫士"系统修复"界面

【小提示】

　　"电脑清理"扫描完毕后,大部分扫描出来的项目是默认选中的。但依然有一些项目软件没有自动选中,而是需要用户自主决定是否选中。

　　【步骤 6】"优化加速"模块主要是提升开机、运行速度。单击"全面加速"按钮开始扫描,扫描完毕后,可以选择需要优化的项目,再单击"立即优化"按钮。对已经优化的项目,若想撤销或还原,可以在"优化记录"中恢复,如图 8-2-8 所示。

图 8-2-8　360 安全卫士"优化加速"界面

【小提示】

　　在浏览网页、玩游戏或运行各种软件的时候,有时会发现计算机运行特别缓慢,这时就需要使用 360 安全卫士的优化加速功能。

【步骤7】"软件管家"模块方便用户安全地下载各类软件，同时管理本机已安装软件的升级和卸载，如图 8-2-9 所示。

图 8-2-9　360 安全卫士"软件管理"界面

【步骤8】在 360 安全卫士主界面的右上角单击"主菜单"按钮，在弹出的菜单中选择"设置"选项在打开的"360 设置中心"对话框中可以对软件的基本项目、弹窗、开机小助手、安全防护中心、漏洞修复、木马查杀等多项内容进行设置，如图 8-2-10 所示。

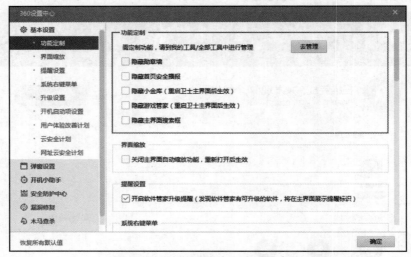

图 8-2-10　360 安全卫士设置中心

相关知识

1. 系统漏洞

系统漏洞是指应用软件或操作系统软件在逻辑设计上的缺陷或错误，被不法者利用，通过网络植入木马、病毒等方式来攻击或控制整个计算机，窃取计算机中的重要资料和信息，甚至破坏系统。

漏洞会影响到的范围很大，包括系统本身及其支撑软件、网络客户和服务器软件、网络路由器和安全防火墙等。换言之，在这些不同的软硬件设备中都可能存在不同的安全漏洞问题。

Windows 系统漏洞问题是与时间紧密相关的。一个 Windows 系统从发布的那一天起，随着用户的深入使用，系统中存在的漏洞会被不断暴露出来，这些早先被发现的漏洞也会不断被系统供应商——微软公司发布的补丁软件修补，或在以后发布的新版系统中得以纠正。而在新版系统纠正了旧版本中具有漏洞的同时，也会引入一些新的漏洞和错误。

2. 补丁

补丁是指衣服、被褥上为遮掩破洞而钉补上的小布块。现在也指对于大型软件系统（如微软操作系统）在使用过程中暴露的问题（一般由黑客或病毒设计者发现）而发布的解决问题的小程序。就像衣服破了就要打补丁一样，人编写程序不可能十全十美，所以软件也免不了会出现 BUG，而补丁是专门修复这些 BUG 做的。因为原来发布的软件存在缺陷，发现之后另外编制一个小程序使其完善，这种小程序俗称补丁。补丁是由软件的原作者制作的，可以访问网站下载补丁。

补丁一般都是为了应对计算机中存在的漏洞，为了更好地优化计算机的性能。按照其影响的大小可分为以下几种。

（1）高危漏洞的补丁。这些漏洞可能会被木马、病毒利用，应立即修复。

（2）软件安全更新的补丁。用于修复一些流行软件的严重安全漏洞，建议立即修复。

（3）可选的高危漏洞补丁。这些补丁安装后可能引起计算机和软件无法正常使用，应谨慎选择。

（4）其他及功能性更新补丁。主要用于更新系统或软件的功能，可根据需要选择性进行安装。

（5）无效补丁。根据失效原因不同又可分为已过期补丁、已忽略补丁和已屏蔽补丁。

①已过期补丁。这些补丁主要可能因为未及时安装，后又被其他补丁替代，无须再安装。

②已忽略补丁。这些补丁在安装前进行检查，发现不适合当前的系统环境，补丁软件智能忽略。

③已屏蔽补丁。因不支持操作系统或当前系统环境等原因已被智能屏蔽。

3. 系统垃圾

系统垃圾是指 Windows 系统的遗留文件，一般不会再次被使用。例如，安装后又卸载掉的程序残留文件及注册表的键值，在某些极端情况下可能会导致问题（如软件卸载不完全、重新安装软件失败）。这些都是对系统毫无作用的文件，并且只能给系统增加负担。

此外，还有一些文件严格意义上不是系统垃圾，但由于用处不大，也被一些优化软件视为系统垃圾，例如以下几种文件。

（1）系统日志文件。日志文件是有一定作用的文件，日志文件可以形成大数据，归纳出系统目前的状态，系统曾经遭遇过什么问题，在什么时间段出的问题，可以提炼出有用的信息。

（2）图片缓存。图片缓存是用户查看图片的缩略图，这是系统自动接管的，每次删除后，系统都会再次重建（除非系统设置的是不显示缩略图）。

（3）浏览器缓存。

（4）各种各样的历史记录，浏览痕迹。

1. 使用 360 安全卫士守护浏览器上网主页

主页也被称为首页，是用户打开浏览器时默认打开的网页。由于为了获得广告收入，一些恶意软件或第三方浏览器经常篡改用户的主页。

在 360 安全卫士的"系统修复"模块内找到"主页防护"按钮，在打开的对话框中锁定想用的上网主页，然后再打开浏览器验证锁定是否有效。如果锁定无效，那么就需要使用"功能大全"模块里自带的"主页修复"功能进行修复，在"全部工具"中找到"主页修复"，单击下载安装即可。

2. 360U 盘助手打造 U 盘专属安全视图

近年来，很多用户都被 U 盘病毒困扰，有些病毒在系统资源管理器视图显示时，往往会伪装成正常文件夹或文档的样子，标题也会篡改成用户 U 盘里的文件名称，看起来就像本来的文件一样，然后把用户本身的文件隐藏掉，引导用户误单击，运行木马，造成计算机全盘感染。

为了降低 U 盘中毒率，360 安全卫士特别推出"U 盘安全视图"，隔离高危文件，分类查看 U 盘文件，全面保护 U 盘和计算机安全。360U 盘助手安全视图模式会根据文件本身的属性进行分类，隐藏的文件也会展示出来，如果检测到是木马病毒等有危险的文件，则会隔离到"高危文件"分类中，让木马无所遁形。

3. 360 系统急救箱查杀顽固木马

360 系统急救箱支持查杀恶性木马（包含驱动型及 MBR 型），如果计算机中了顽固的驱动或者引导类木马，先关闭并且退出其他无关程序，再使用急救箱处理。

打开官方网址 http://www.360.cn/superfirstaid/index.html，单击"360 系统急救箱"按钮下载。打开解压好的文件夹，运行急救箱程序。使用强力模式，需要扫完后重启计算机再扫第二遍，然后再一次重启，才完成整个扫描流程。

1. 请使用 360 安全卫士修改浏览器上网主页为自己常用的网址。

操作提示：在 360 安全卫士的"系统修复"模块内找到"主页防护"。

2. 使用 360 系统急救箱查杀本机的顽固木马。

1. 使用 360 安全卫士的"系统修复"模块扫描并修复系统漏洞。

2. 使用 360 安全卫士的"软件管家"模块下载应用宝、爱奇艺视频等软件，安装软件，并进行软件净化。

操作提示："软件净化"是对于已安装的软件自动解除任务栏的快捷方式，并自动关闭开机自启动功能。